U0650281

好妈妈必读系列

儿童情绪管理

赵 欣　康英杰 编著

中国铁道出版社有限公司
CHINA RAILWAY PUBLISHING HOUSE CO., LTD.

图书在版编目（CIP）数据

儿童情绪管理 / 赵欣，康英杰编著 . —北京 : 中国
铁道出版社有限公司，2021.10
ISBN 978-7-113-28165-6

Ⅰ.①儿… Ⅱ.①赵…②康… Ⅲ.①儿童心理学 –
心理训练 Ⅳ.① B844.1

中国版本图书馆 CIP 数据核字（2021）第 144959 号

书　　名：**儿童情绪管理**
作　　者：赵　欣　康英杰

责任编辑：陈晓钟　　　　　**读者热线：**（010）51873038
封面设计：闰江文化
责任校对：苗　丹
责任印制：赵星辰

出版发行：中国铁道出版社有限公司（100054，北京市西城区右安门西街 8 号）
印　　刷：三河市宏盛印务有限公司
版　　次：2021 年 10 月第 1 版　2021 年 10 月第 1 次印刷
开　　本：880 mm×1 230 mm　1/32　印张：6.5　字数：133 千
书　　号：ISBN 978-7-113-28165-6
定　　价：52.00 元

序 言

期末考试没考好，孩子被批评了几句，于是变得闷闷不乐，把自己一个人关在屋子里，晚饭也不出来吃……

孩子在购物中心看到一款玩具，停下来不肯走，但类似的玩具上个月才给他买过，于是这次没有再同意他的要求，孩子顿时不高兴，当着很多人的面大吵大闹……

家里的二宝两岁了，亲戚朋友过来给他庆祝生日，送了很多礼物，大宝看到弟弟的礼物，不高兴地说自己小时候都没有这么多好东西，眼圈都变红了……

在上面的场景里，心理学研究者能够找到一个共同的特征——孩子闹情绪了！

情绪，这个看不到摸不着的东西，关系着孩子整个童年的快乐。如果不对情绪加以识别和管理，长久的负面情绪还可能影响孩子的人格成长以及他与父母之间的关系，之所以会这样是因为情绪是人在面对突发事件时所产生的第一种心理状态，这种心理状态会直接决定人怎样去理解和解决这件事，从而影响人的行为和决定。

同样是没有得到心仪的玩具，我们能够在不同孩子身上看到不同的表现，有些孩子会表现得很激烈，有些孩子则表现得很消极，有些则完全没有反应。孩子们之所以有不同的表现，很大程度上是因为他们控制情绪的能力有所不同。

自我情绪控制能力的强弱不仅让孩子在玩具这种小事上的表现大相径庭，而且对学习、考试、人际关系、机会选择等方面更是影响深远，而这种深远的影响最终会让孩子走上不一样的人生道路。

面对突如其来的校园暴力，有的孩子选择反抗，从而在同学中树立了威望，有的孩子则选择退缩逃避，从而让施暴者变本加厉。

面对自习时老师偶尔的"不公平"对待，有的孩子能积极争取而获得老师的认可，有的孩子则表现得很沮丧，甚至因为某一件小事而对学习失去兴趣。

面对同班同学的炫耀，有的孩子心生妒忌，并且这种情绪像火焰一样升腾，有的孩子却能够将妒忌情绪转变为进取心，向同学学习。

如果将时间线再拉长一些，我们步入社会之后面对问题时的种种反应，很多不都是这些童年情绪爆发时刻的投射吗？是的，情绪对人的成长影响深远。作为家长，我们应该多关注孩子的情绪，避免孩子走我们当初走过的错路。

那么，应该如何培养孩子的情绪管理能力呢？对于这个问题，要知道：情绪是可以被识别的，情绪也是可以被管理的，而情绪的管理建立在情绪识别的基础之上。本书在对情绪及相关心理学研究

的基础上，带领读者科学地识别情绪，了解认识孩子成长过程中频繁出现的几种情绪问题，如愤怒、恐惧、妒忌、自我否定、逃避、抑郁等，并针对每种情绪问题总结了相应的管理方法。

通过本书，您将会了解到：情绪是如何产生的？为什么有的人会充满负面情绪？如何帮助孩子克服恐惧情绪？孩子逃避某件事情的原因是什么……通过一系列与情绪相关的问题的解读，您不仅能了解什么是情绪以及情绪产生的原因，而且能学到一些科学管理情绪的方法，这些方法能够帮助家长对孩子进行积极正确的引导，从而使孩子健康快乐地成长。

有句老话叫"三岁看大，七岁看老"，倘若在孩子成长的关键阶段，家长能够运用科学的方法对孩子身上存在的各种情绪问题加以引导，那么您获得的将不仅是一个快乐和谐的家庭，而且还会收获一个性格完善、人格独立的孩子。

作　者

2021 年 7 月

目　录

第三章 愤怒：因为孩子内心的委屈得不到释放

第四章 妒忌：因为孩子的自我意识没有建立起来

第五章 恐惧：因为孩子对害怕的事情无能为力

第六章 自我否定：因为家长给孩子传递了太多的负面信号

第一章

你真的了解孩子的情绪吗

情绪是什么？什么决定了孩子的情绪爆发

你带着孩子逛商场，刚好看到一个朋友，于是停下来和这个朋友聊了几句，这时孩子在你身边不停地催促，因为他想要去的那家玩具店马上就要关门了，你没好气地要求孩子"不要闹"。

不一会儿，你们聊完之后，你带着孩子去买玩具，玩具店果然关门了。你只好安慰孩子"明天再来"，孩子懂事地答应了，但回家的一路上都没有说话，眼眶里泪水在不停打转，到家之后，他立即回到自己的屋子里关上门，吃晚饭的时候都不肯出来……这时你知道，孩子正在闹情绪。

情绪看不见、摸不着，但一旦它进入孩子的内心，做父母的就

能明显感觉到。有的时候你知道原因，但有的时候你不知道原因，总之，就那么一瞬间，孩子就闹情绪了。

情绪不是性格，性格是长期存在的，情绪则是瞬间产生的，而且一般来说，情绪是由外部刺激引发的，没有外部刺激，孩子几乎不会有情绪。

但对于同一种刺激，不同的孩子所爆发的情绪也是不同的，即便是同一个孩子，在不同的状态下爆发的情绪也会不相同。考试没有考好被批评，有的孩子会爆发沮丧的情绪，有的孩子会爆发愤怒的情绪，有的孩子则完全没有情绪……

那么，是什么决定了孩子是否爆发情绪，又爆发怎样的情绪呢？为了解答这个问题，我们需要引入两个心理学概念——价值感和安全感。

每个人都需要价值感和安全感的满足，这一点成年人和孩子没有分别，不一样的是成年人的价值感和安全感可以靠自己来满足，而孩子的价值感和安全感更多来自父母、家庭和集体环境。

一个从小家境富裕的孩子，在被同学嘲笑穿了一件旧衣服的时候，往往不会有太过激烈的反应，也就是不会爆发负面情绪。而一个家境贫寒的孩子，在遭遇同样的事件时，就可能会出现自暴自弃、愤怒、羞愧等情绪。

如果我们把价值感和安全感比作两个容器的话，那么导致孩子情绪波动的事件就是即将或已经装入两个容器的水，当水超过容器那一瞬间时，情绪就爆发了。而不同的孩子，因为价值感和安全感

满足程度的不同，他们的情绪容器的容量也有所不同，有的孩子情绪容量大，接受事件刺激的能力强，有的孩子情绪容量小，接受事件刺激的能力弱。

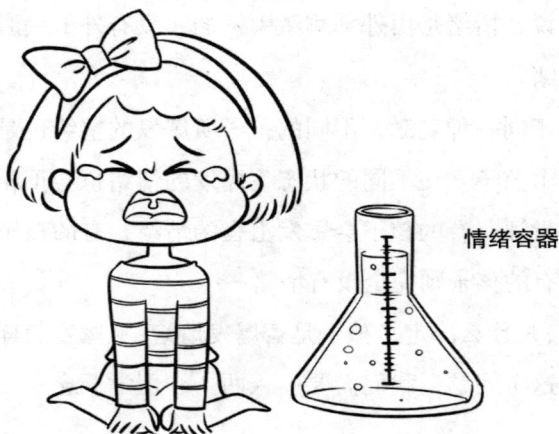

情绪容器

有些孩子，我们发现他们在公开场合行为非常得体，遇到突发事件也能很好地解决，让人有"小大人"的赞叹，这类孩子往往家境较好、家庭关系比较和谐、父母教育得法，这使得他们情绪容量很大，不容易超出情绪临界点。

但是，无论情绪容量大还是小，都只能决定情绪的爆发是否频繁，而不存在完全不会爆发情绪的孩子。

在分析孩子为什么爆发情绪的时候，我们要重点注意观察，到底是什么一直在刺激着他，让他的情绪最后突破了容量的临界点。

放学回家，孩子把鞋子脱在玄关而没有摆上鞋架。这时候妈妈走了出来，教训孩子"应该把鞋子放好"，没想到孩子突然委屈地

大哭起来，他回到房间把门反锁，任由妈妈怎么叫也不开门。

这个场景里，妈妈不过是唠叨一句，孩子犯得上这样委屈吗？孩子因为妈妈的一句唠叨而委屈，这种可能性太小了。我们可以推测，这个孩子可能是因为最近一段时间在家、在学校或在其他地方积累了太多的负面情绪，最后在妈妈唠叨的这一瞬间爆发了。

这就像是孩子饿了，他看到桌上有蛋糕，于是开始吃，当吃完三块蛋糕之后，他又抓起旁边的饼干吃了一块，吃完他刚好饱了。我们不能因此就说孩子的饭量是一块饼干，其实之前的三块蛋糕已经让孩子达到饱的临界点。

孩子的情绪也是如此，家长不能简单认为某一件特定的事让孩子闹起了情绪。虽然这件事确实是孩子闹情绪的诱因，但要明白，孩子的情绪一直都在，并且它在情绪的容器中不断积累着，最终它会在时机成熟时爆发出来。

了解孩子的情绪发展规律

　　孩子的情绪是与生俱来的，在胎儿时期，我们就可以通过 B 超观看到孩子的情绪表现。不过，虽然人天生就有情绪，但大多数人却从来没有系统地学习、认识和管理过情绪，大多数人的情绪状况基本处于"野生"状态，它的爆发与否完全依赖于环境，作为成年人尚且如此，更不要说孩子了。

　　每个孩子都是独立的个体，都有自己的性格和情绪特点。除此之外，不同的社会文化背景、原生家庭等因素也影响着孩子情绪的发展。如果不对孩子的情绪加以引导，任由其在"野生"状态下发展，那么自然不可避免地会出现诸多不理想的情况。

　　这些不理想的情况可能具有差异性，但它们都有一个源头，这

一源头便是孩子内心的价值感和安全感，它决定着情绪容量的大小。无论是价值感还是安全感，它们都是在儿童早期慢慢发展起来的，所以，在解决孩子情绪问题之前，我们有必要先了解一下情绪是怎样在儿童内心一步步发展起来的。

研究儿童情绪发展规律，现在已经成为发展心理学的一个重要课题，经过心理学家的总结和归纳，我们一般将儿童早期情绪发展归为以下三个重要节点：

情绪的丰富和深刻化

这个节点一般出现在 3 岁以后。在 3 岁之前，儿童的情绪体验多源自感知觉、记忆和想象，而 3 岁之后，幼儿自我意识开始缓慢觉醒，因此增加了由自我意识带来的情绪体验。

比如，当无法得到父母理解或者受到朋友嘲笑时，幼儿内心的负面情绪体验都是自我意识觉醒带来的。而到了学龄前末期，随着幼儿大脑的不断发育，思维也在不断发展，因而该阶段思维带来的情绪体验也日趋丰富化。

举个例子，四五岁的孩子开始知道针头和疼痛之间的关系，因而看到细长尖锐的针状物体会感到不舒服。这个时候，孩子一些此前没有的情绪，如忌妒、焦虑等情绪就都产生了。

情绪的社会化

4 岁半的女儿和妈妈说："您知道我和小雨是怎么成为朋友的吗？"妈妈摇头，女儿说："因为我们对着笑了。"

注意观察的家长会发现，3 岁以后孩子们开始践行社交微笑，

并逐渐懂得其意义。3 岁之后，孩子的开心与难过不再局限于基本的生理需求是否得到满足，而会将范围扩大到人际交往层面。

这是因为伴随着幼儿脑部成熟、情绪的不断分化及肌肉的发展，幼儿对自身的社会需求和适应性提出了更高的要求。他们开始渴望被关注，渴望友谊，被老师或父母忽视、遭到朋友拒绝等诱因都会引发幼儿情绪波动。

情绪的自我调节化

幼儿情绪具有易冲动、易外露等特点。随着年龄的增长，幼儿的情绪自我调节能力也将显著提升。主要表现在：能够有意识地认知某种冲动行为可能带来的后果；情绪逐渐由外显性转为内隐性。随着幼儿对自身情绪把控能力的增强，有时他们会有选择地隐藏或爆发某种情绪。

了解孩子的情绪发展规律，一方面有助于我们应对孩子情绪发展节点出现的各种问题，另一方面有助于我们更好地认识孩子的情绪根源，从而更科学地判断孩子情绪问题的走向，为引导孩子认识和管理情绪提供必要的知识帮助。

当孩子有情绪时，家长要做的不是抗拒

当孩子咳嗽的时候，做父母的会关切地想：孩子是哪里不舒服呢？是不是生病了？

我们都知道，咳嗽本身不是病，而是某种病的症状，所以当我们带着孩子去医院的时候，你会和医生说"孩子的症状是咳嗽"，而不是说"孩子得了咳嗽病"。

在情绪问题上，道理也是一样的。当孩子的情绪在瞬间爆发时，家长应该意识到，此时孩子的情绪只是一种"症状"，而弄清楚情绪的根源，这才是最重要的！

一个男孩儿正聚精会神地在家看电视，这时妈妈走过来说，明天要他去公园和小朋友玩耍，孩子顿时变得紧张起来，坐立不安，这让妈妈感到很惊诧。

　　一个女孩儿从学校回到家，显得无精打采，一个人坐在沙发上发呆，妈妈连叫了几声都没有回答。

　　上面两个孩子各自产生了某种消极情绪。作为他们的妈妈，应该怎样面对这样的情绪呢？是要告诉孩子"安稳一点，老实看电视""高兴一点，别无精打采的"，还是问一问孩子"为什么会这样"呢？一个合格的妈妈毫无疑问会选择后者。

　　于是，通过询问妈妈知道了，男孩儿之所以会对去公园产生焦虑，是因为之前在公园被狗追过；女孩儿之所以放学之后感到沮丧，是因为在学校里竞选小组长失败了。

所以，孩子的情绪其实是一种讯号，孩子通过情绪这一外在表现，传递出了此刻真实的心理状态。那么，情绪的讯号有什么特点呢？

首先，这种讯号越是关乎孩子的安全感、价值感，它对孩子的刺激就越强烈，孩子的瞬间情绪就会越激烈。其次，孩子的情绪之所以没有得到平复，从根本上讲是因为讯号没有得到感知，因而它就会持续存在，即便用某种方法暂时将其压制下去，它也一定会堆积在孩子的情绪容器当中。情绪本身对于孩子是有益的，它就像疾病的症状一样，是在向父母警示，告诉父母孩子很难受，需要父母提供情感上的帮助。

但是，情绪所能够做的也仅仅是警示而已。就像咳嗽的人可以选择不去医院看医生，面对孩子的情绪，大多数父母也会选择大事化小或视而不见，这样长期下去，孩子的情绪便慢慢转变成了"情绪病"。

事实上，孩子有情绪苗头非但不是坏事，反而是好事。它提醒家长孩子可能有"心结"，此时只有把孩子的情绪讯号解读出来，并在情感上给予孩子支持与帮助，才能真正把"心结"打开，也才能从根本上帮助孩子平复情绪。

这个世界上没有不得病的孩子，也没有不会闹情绪的孩子。当孩子咳嗽的时候，家长不能命令他不咳嗽，因此当孩子闹情绪的时候，家长也不要用一些简单粗暴的方法来解决，而是要准确判断孩子的情绪并给予必要的支持，这样才能拔掉导致孩子产生情绪的那根刺。

让负面情绪"雪上加霜"的情绪平方定律

很多人有过类似这样的经历：在公司因为某件事和同事发生了矛盾，我们的内心充满着愤怒情绪，情绪还未平复，开车走在下班路上，前面的车忽然一个急刹车，让我们差一点就追尾，此时我们再也忍受不了内心的愤怒，于是冲着前车破口大骂，平时从没有说过的脏话都脱口而出……

在前面我们讲了情绪容器和容量的问题，那么，情绪在容器内的增加速度是像舀水一样一勺一勺地增加吗？其实并非如此。奥地利精神分析学家阿德勒提出过情绪平方定律，他认为当引起同一类情绪的事件在某个时间段内重复发生时，对情绪造成的累积效应并不是1+1的算术累积，而是以平方的方式累积。

假设一个人遇到了 3 件令他沮丧的事情，我们将其情绪值设定为 3。之后，他又遇到了 2 件同样带给他沮丧的事情，那么他增加的情绪值不是 2，而是 4。根据阿德勒的情绪平方定律，情绪以平方累积，那么最初三件事情的情绪作用力为 9（即 3×3），加上后来增加的 2 件事，就变成 5 件事，其作用力应为 25（即 5×5），那么二者的差为 16（即 4×4）。由此可知，后来两件事情带来的情绪作用力实际上相当于新增 4 件沮丧事件的效果。

回到一开始的故事中，在公司的愤怒，遇上了路怒问题，这个时候愤怒情绪的增量是平方式的，所以才会将我们瞬间"引燃"。可想而知，如果此时再被激起一丝一毫的愤怒情绪，那么更出格的事情人也能做得出来。所以我们也就能够理解，为什么明明很正常的人，却会不受控制地做出很多极端的事情来，这其实是情绪的陡然增加在作怪。

张宁（化名）是一个 5 岁孩子的妈妈，也是一家民营企业的技术人员。不久前，她负责的项目在技术操作环节出现了重大失误。面对领导的问责，张宁的压力本来就够大的了，可"屋漏偏遭连夜雨"，偏巧在这个节骨眼上，儿子又得了流感，高烧不退，张宁医院公司两头跑。可即便是这样，张宁还是受到了老公和婆婆的埋怨："什么工作能比孩子的身体健康重要啊，孩子这难受着呢，哪有妈妈不陪的道理。""我怀疑我得了抑郁症，不想交流，有时候真想什么都不做了，活着太累了。"张宁无奈地说。

雪上加霜这样的情绪体验在我们生活中比比皆是。很多人都有过这样的体验，一次考试的失利会让人觉得心情郁闷，反思自己的不足，但是接二连三的考试失利使压力成倍增长，有的人就开始自我问责、自我否定，甚至想自我放弃。

　　由此可见，在挫折面前，情绪平方定律发挥的作用是巨大的，它带给我们的负面情绪体验效果将远远超过我们的想象，一次挫折事件带来的可能只是偶尔的心情不佳，而多次挫折事件将引发愤怒、妒忌等多重负面情绪的汇集。一个人的承受能力毕竟是有限的，一旦多重打击下的负面情绪难以得到释放和疏解，我们就可能被彻底击垮。

　　成年人尚且如此，更何况儿童呢？举个简单的例子，一个孩子想要吃棒棒糖，但没有得到妈妈的许可，于是他很不开心地去搭积木了，然而积木好像也在和他作对，每次搭建都以失败告终，慢慢地这个孩子耗尽了自己为数不多的耐心，最终他将积木扔得到处都是，以此来宣泄内心的不满和挫败感。不幸的是，他这一行为又遭到了妈妈的数落，结果可想而知，这个孩子哭得一塌糊涂。

　　很多父母都会理所当然地认为孩子是在耍赖，但实际上，我们都忽略了孩子在挫折面前的负面感受。需要明确一点，来自父母的每一次拒绝对孩子来讲都相当于不同程度的挫折，其程度大小主要取决于孩子对需求渴求程度的大小。所以，明智的父母总会有意识地及时去发现孩子心中升腾而起的负面情绪，并及时引导其朝着积极的方向转变。

学龄前是孩子发展自我、认识情绪的重要阶段，而这一阶段他们将要面临的挫折也并不比人生任何一个阶段少。在挫折面前，情绪平方定律带来的负面情绪体验之所以可怕，是因为它们往往会超出个体的承受能力，进而迫使个体做出极端行为。除此之外，由挫折引起的负面情绪，往往包括愤怒、抱怨、焦虑、妒忌、自我否定以及一些难以言喻的感受。若孩子长时间暴露于诸多不良情绪的笼罩之下，那么对孩子的自我认知发展及自我情绪管控都是十分不利的。所以，如果想要从根本上减少情绪平方定律对孩子的影响，那么毫无疑问应该从源头疏解负面情绪。

以上面孩子和妈妈要棒棒糖的事件为例，想来所有的妈妈都能看出孩子为此闹情绪，但大部分妈妈会选择视而不见，因为出于一些原因，比如吃糖会长蛀牙、导致钙流失等，她们相信自己的做法是正确的。没错，他们这样做确实对孩子的身体发育好，但却忽略了孩子的情绪及感受。还有一些家长，他们的做法值得提倡，他们会看到并对孩子的感受感同身受，更重要的是，她们还会提供有限的选择帮助孩子从"没有棒棒糖吃"的负面情绪中"逃脱"出来。这其实很简单，她们只需要提供"那你现在是想要吃个桃子还是苹果"的选项即可，孩子的注意力其实并不难被转移。如此一来，孩子的需求得到了"另一种满足"，对他们来说，或许不像得到棒棒糖一样令人欣喜，但也不至于累积不满情绪。

除此之外，当孩子不小心犯错时，比如打翻牛奶、打碎水杯、弄脏被单等，父母不要急于发火，因为这样的"错误"对他们来讲

又何尝不是挫折，父母们不问缘由的一顿数落只会让孩子沉浸在"我不行""我做不好"的自我否定中，而当他看到同龄孩子可以做好同类事情，并得到师长表扬的时候，心中又会滋生出妒忌情绪。长此以往，就会导致孩子自卑性格的形成。当孩子犯错时，比如因为画画不小心将颜料弄到衣服上，我们不妨说"看得出来，你今天画得很开心，看你都成一只小花猫了"，以这样的方式理解包容孩子，让孩子在相对宽松的环境下自由成长，这样更有利于孩子的身心健康。包容理解孩子的同时，其实也是在给自己机会，毕竟随着孩子年龄的增长和肢体协调能力的增强，你恐怕很难再看到眼前这只"小花猫"了。

最后，希望情绪平方定律能让更多父母对孩子的负面情绪引起重视。在家庭养育过程中，父母应该及时发现并疏导孩子的负面情绪，避免情况持续恶化，并引导孩子以乐观积极的态度面对成长路上的各种问题，这样的成长才更有力量。

情绪的识别与孩子常见的不良情绪

　　帮助孩子解决情绪问题，父母首先要做的是对情绪有科学的认知。人的情绪是多种多样并随时产生的，孩子和成人所不同的只是某些情绪在不同年龄段出现的概率有所不同而已。

　　在日常抚养孩子的过程中，你一定见过孩子发脾气不理人，一定见过孩子大哭大闹，一定见过孩子见人不敢说话，一定见过孩子焦躁不安……对于这些现象，有时你能准确判断出孩子的情绪，比如恐惧、愤怒，有时却很难界定。

　　科学地认识情绪不但对教育孩子有用，对于你日常判定自己的情绪也是很有帮助的。现在，让我们先来测试一下你是否具有准确识别情绪的能力。

当孩子终于在生日这一天得到一直期待的玩具时，他会 _____？

你答应孩子考满分之后带他去迪士尼玩耍，当孩子真的考了满分并眼巴巴等了几周，这一天终于放假，结果你却决定暂时不去时，孩子会 _____？

当孩子心爱的宠物生病了，你带宠物去看医生，医生说宠物的病很不乐观，孩子会 _____？

当孩子因为某件小事被老师误解，作为父母的你不问青红皂白，上来就斥责孩子时，孩子会 _____？

以上四个地方所对应的情绪可以是：兴奋/满足、愤怒/失望、悲伤/同情、愤怒/抱怨。看到这个答案，你可能会产生疑惑：抱怨也是一种情绪？是的，抱怨是一种略带攻击性的情绪，而在本书后面的章节里，我们会带读者改变一些错误的观念，进而科学地认识情绪。

现代心理学家通过不间断的总结规划，以及运用统计学进行研究，最终总结出了人一生中可能产生的情绪，它们分别是：

钦佩、崇拜、美学欣赏、愤怒、焦虑、敬畏、尴尬、无聊、冷静、困惑、抱怨、渴望、失望、厌恶、兴奋、妒忌、刺激、恐惧、抑郁、内疚、惊栗、兴趣、快乐、怀旧、骄傲、解脱、逃避、自我否定、浪漫、悲伤、满足、欲望、惊喜和同情。

无论是孩子还是大人，所有人都逃不开这些情绪。不过应该也发现了，这些情绪并不都是负面的，钦佩、崇拜、满足这些都属于

"正能量"的情绪。

事实确实如此，情绪可以分为正面、负面和中性三种，而当正面情绪超出一定范围后，又可能会有负面效果。

不过从概率上说，当出现负面情绪时，更多还是预示着心理层面的消极状态，负面情绪如果得不到及时调整，往往会进一步导致更严重的问题。所以，就本书而言，重点还是讨论孩子的负面情绪。

在孩子的负面情绪中，我们又从中挑选了焦虑、愤怒、妒忌、恐惧、自我否定、逃避、抑郁等较为严重的情绪进行解析，并将它们统一称为"不良情绪"。

为什么会选这几种情绪呢？因为从孩子的成长过程来看，这些

不良情绪很多孩子都有，并且如果这些情绪得不到有效控制，那么最终它们便可能以某些坏习惯的形式长存于孩子身上，情况严重的还可能会造成孩子性格和行为的某些缺陷。

换句话说，我们不研究孩子的兴奋情绪，因为兴奋情绪不会给孩子的成长带来太多负面影响；我们不研究孩子的内疚情绪，因为内疚情绪一般只会影响孩子的少部分行为；我们不研究孩子的惊栗情绪，因为惊栗在孩子成长过程中并不时时存在。

但我们选择的这些不良情绪与上面这些情绪有所不同，它们在孩子成长过程中出现的频率高，并且影响深远。作为家长，我们一定要对这些不良情绪足够重视，只有这样，当孩子情绪爆发时，家长才能够在第一时间有所察觉并准确判断，进而对孩子的心理有一个深入的挖掘，并最终帮助孩子走出心理困境，健康成长。

第二章
孩子的情绪管理，需要家长的参与和引导

孩子为什么爱哭？也许问题的根源在于你

很多家长都会有这样的烦恼——"我家孩子为什么总是动不动就哭？"孩子爱哭闹让很多父母叫苦不迭的同时，还会让他们产生无助感和挫败感。

哭不是一种情绪，而是由情绪引发的行为。那么孩子为什么爱哭呢？这是因为他们没有其他表达情绪的方法，或者说，在孩子的情绪得不到回应时，哭是最直接地得到回应的一种方式。

事实上不仅仅是孩子，对于很多成年人来说，当情绪在一瞬间淹没理智，人感到绝望崩溃时，也会不由自主地流下泪水。在负面情绪袭来时，毫无疑问，哭泣是人类最原始、最直观、最不需要学习的表达方式。

处在婴儿阶段的孩子，哭泣并不会引发养育者过度的焦虑，但对于 3 岁以上的孩子来讲，他们的语言系统明明已经基本完备，换言之，他们已经具备了一定程度的语言能力，为什么他们还是会像婴儿一样用哭闹这种最为原始的方式来表达自己的情绪呢？这在很大程度上与孩子在 3 岁之前的养育方式有关。

比如，当孩子想要得到家人的关注时，父母可能正忙于工作或家务等，并未及时给予孩子应有的关注，当孩子因为内心需求未被满足，没有得到足够重视而大哭时，父母终于围坐过来，那么这在无形中会传递给孩子一个信号——只有哭才能赢得关注和满足。

我们说，哭泣是情绪的行为表现，而情绪又是心理需求的线索，也就是说，当孩子有心理需求时，父母没有察觉，当孩子有情绪时，父母没有意识到，当孩子哭泣时，父母终于开始重视了。

久而久之，孩子便将哭泣作为获得心理满足的一种方式，习惯已经养成，养育者却还一头雾水，既不知道从什么时候开始孩子变成了"爱哭鬼"，也不知道该如何面对梨花带雨的"小可怜"。

那么，如何来解决这个问题呢？

养育者首先要明确孩子哭泣背后的情绪是什么。儿童的情绪没有成年人那么复杂多变，往往很容易识别，一般而言，恐惧、愤怒、抱怨和失望是最常见的几种。当识别孩子的情绪之后，养育者便可以跟随情绪线索来了解孩子的心理状况，看看是由什么引发了情绪。

透过情绪这一层面纱，养育者就会发现，孩子的哭泣多是因为物质或精神需求没有得到满足，这种内心的缺失让他们失望、愤怒

或抱怨。

例如，逛街的时候，孩子发现了一件他喜欢很久的玩具，但父母却不肯掏钱购买，孩子于是号啕大哭，并伴有肢体反抗，甚至还撒泼打滚，这属于物质需求没有得到满足。

那么，怎么应对孩子因物质需求未得到满足而导致的哭泣呢？

家长应该尽量站在孩子角度科学合理地应对孩子的诉求，而不能简单粗暴地一刀切。

我只要哭闹，爸爸妈妈就会答应……

如果还有可能与孩子沟通，那么应该尽量选择沟通。通过沟通对他的情绪加以疏导，让孩子了解到他哭的原因是想要这件玩具，而不是让父母为难。之后可以给予孩子一定的自主权，例如与孩子商定一个目标，如果孩子能够实现目标，就购买这件玩具。

如果孩子已经情绪崩溃，坐在地上哇哇大哭，完全不能沟通，父母又该怎么办呢？"你走不走，你不走我走了啊！"我们常听到这种毫无意义的"威胁"，但此时这样做并不明智。家长首先应该保持冷静，不要被孩子的情绪所干扰，可以做深呼吸慢慢调整好自己的情绪，之后将孩子带到人流较少的地方，让他充分发泄内心的情绪，待孩子情绪平稳之后，给他一个拥抱，告诉他："如果你真的特别喜欢这件玩具，那么等你过生日的时候，妈妈可以当生日礼物送给你，但不是现在，好吗？"

　　当然，有经验的家长还能摸索出孩子哭闹的规律，比如当孩子特别想得到一件玩具时，他们会微笑着摸摸孩子的头，然后态度坚定地告诉孩子"妈妈知道你一定特别喜欢它，但家里已经有很多类似的玩具了"，这样可以在一定程度上避免一场闹剧的上演。

　　当然，还有一点需要提醒的是，做父母不要轻易对孩子说"不"，但如果你断定孩子的这个要求不能被满足，且"不"字已经说出口，那么请坚定你的想法，不要因为孩子哭闹而改口，一旦孩子尝到因哭闹得来的甜头，哭闹就会成为他与你博弈的"法宝"，并且屡试不爽。

　　除了物质之外，还有一些哭泣的孩子是因为心理需求没有得到满足。例如，有一些孩子很善良，富有同情心，温柔乖巧，他们对于情绪的感知力也远远超过常人。很多家长可能会发现，他们常常会因为一些不起眼的小事而默默掉下"金豆子"，这是因为他们非常善于关注别人的感受，也很容易被自己的感觉所压倒。对于因

敏感而容易内心受伤的孩子，多是因为内心对爱的需求未得到充分满足。

对于这样的孩子，父母应该从满足孩子的安全感方面入手帮助孩子建立安全感，具体方法我们后面会结合具体情绪进行重点讲解。

总而言之，孩子的哭泣必有缘由，而一个总是以哭泣作为"要挟"手段的孩子，其根源很大程度都在父母身上，对此，与其命令孩子"不要哭"，父母不如多做一些个人反思。

有分歧很正常，提升共情能力是关键

　　"我已经数不清这是第几次了，每次都是这样收场，让她好好吃顿饭真的太难了，嘴太难张开了，一边吃还一边玩儿，看着都生气。巧巧是早产儿，和他们同班的孩子比，她看起来就像低一个年级的孩子。我也是真的着急，怕孩子营养跟不上，将来个子长不高。"巧巧妈妈叹气道。

　　再看巧巧，坐在饭桌旁，眼睛还泛着泪光，怯怯地看着妈妈，鼻子一抽一抽的，一手捧着碗，一手拿着筷子，在妈妈的"镇压"下"装模作样"地"吃"着饭，可饭粒根本就没进嘴里。

　　相信很多父母都没少在孩子吃饭问题上发过火，当你看着精心

做好的饭菜被孩子给了差评或者孩子选择拒绝进食时，你心里肯定会有些愤怒、焦躁。

巧巧妈妈是这样想的，西蓝花代表着丰富的维 C，豆腐代表着丰富的钙质，鱼虾则代表着充足的蛋白质。自己精心为孩子做了一桌菜，结果却一点也勾不起孩子的食欲。

分歧在哪里呢？家长让孩子吃饭是为了保证他们摄入足够的营养，而孩子对于饮食只以自己喜不喜欢为标准，所以不愉快就这样不可避免地发生了。

事实上，巧巧和妈妈都是根据对方的行为来支配自己的情绪和行为的。妈妈看到巧巧吃饭挑食，因而选择"强制执行"，并伴随着怒火；巧巧呢？她只看到妈妈的强势镇压，她一点儿也不享受这种在监视下吃饭的滋味，内心伴随着厌恶和抱怨。

这便是问题的根源。在处理和孩子之间的分歧时，很多家长都会直接根据孩子的行为表现来选择应对方式，他们往往会忽略孩子内心的真正需求和因此引发的情绪。我想，巧巧的妈妈或许应该听听女儿的想法，"我不喜欢西蓝花和豆腐放在一起，豆腐渣沾到西蓝花上看起来有点恶心""我更喜欢吃姥姥做的硬硬的米饭"等。

这就是我们常说的换位思考，在心理学上也称为共情。共情是站在对方的立场去思考和处理问题，它能够帮助我们更加感同身受地去理解对方的情绪，它能够减少家长和孩子之间的摩擦，让彼此感情交流更加顺畅。

周末，难得清闲的张琳把屋子收拾了一番，洗衣机里不时传出水流的声音。张琳正坐在沙发上休息，忽然听到水流的间隙中传来吭哧吭哧的声音，她猛然意识到儿子昊昊已经安静了许久，她腾地一下从沙发上站起来，快步循声走到阳台，儿子昊昊正拿着手工剪刀剪自己的高跟鞋呢！他小脸儿憋得通红，看起来费了不少力气。

这双小香风的鞋子是张琳的心头最爱啊，她顿时感到气血上涌，说话的声音都提高了几个分贝："昊昊，你在干什么呢？"顺手夺过了鞋子，心疼地看着鞋跟上的一道道口子。

昊昊显然是被妈妈的吼声惊着了，小声说："我把这个鞋跟剪掉啊，你上次不是说穿高跟鞋走路脚疼吗？"

听了昊昊的话，再看看儿子无辜的眼神，张琳把鞋子放到一边，脾气也没了大半，只能把儿子搂到怀里，为刚才说话的语气表示歉意，她想或许儿子现在还不能明白有些美丽是要付出代价的道理，但儿子爱她的心却是实打实的。

随着孩子慢慢长大，他们开始有了自主意识，而家长和孩子之所以会发生矛盾和冲突，很多时候是因为双方理解问题的角度和思维有所不同。面对矛盾和冲突，很多家长习惯以一种"高高在上"的态度去对待孩子，或许在有些人的观念中，这是一种为人父母的权威。然而恰恰是这种权威，让我们失去了真正与孩子交流的机会。

共情的相处模式能够有效减少亲子摩擦，那么在与孩子相处过程中，父母如何充分调动自身的共情能力呢？

首先，家长要努力控制自我情绪。

当矛盾一触即发时，家长先要在第一时间控制自己的情绪，然后再感知孩子的情绪，这也是与孩子进行进一步沟通与交流的前提。只有在理性压倒冲动时，我们才能更加条理清晰地分析孩子的情绪及行为，也才能更准确地了解情绪背后的心理需求，否则一切都无从谈起。

其次，尊重孩子、理解孩子，努力感知孩子的情绪。

当冲突发生时，不要想当然地认为孩子的做法、想法就是错误

的，即便他们的某些行为对于成人来说可能有些无法理解，但要知道，他们只是孩子，孩子的行为表达有孩子固有的特点。

家长和孩子的地位是平等的，家长应该尊重孩子、理解孩子。当孩子闹情绪时，家长首先应该让孩子充分释放情绪，在此过程中，家长可以对孩子进行适当安抚，表示自己对他情绪的理解。待不良情绪得到排解，孩子彻底冷静下来后，家长再与孩子进行深入沟通，这样才更能弄清情绪背后的主要成长问题。在这里要特别注意，远离暴躁和说教，暴躁和说教只会让家长和孩子之间的鸿沟变得越来越深。

共情是一个相互的过程，所谓将心比心就是这个道理，在父母学着理解孩子的同时，孩子自然也会学着去理解父母。父母在与孩子沟通的过程中善于换位思考，则会使孩子在成长过程中多一分自信，他能感受到自己的行为和感受是被认可的，这样的教养方式也会潜移默化地影响其性格的养成，若干年后，相信他亦能在与他人交往中更加游刃有余。

锻炼延迟满足能力，让孩子感受到等待的价值

20 世纪 60 年代，美国心理学家米歇尔在斯坦福大学附属幼儿园中进行了一项著名实验，即"延迟满足"实验。米歇尔让助理从该幼儿园中随机挑选出几十名儿童，并将他们分别带入事先安排好的房间中。在这之前，助理曾嘱咐这些孩子，他们可以吃摆在桌上的棉花糖，也可以等助理回来再吃，且能等到助理回来再吃的孩子还可以额外获得一个棉花糖。

当助理离开后，米歇尔通过摄像头观察着孩子们的一举一动。毫无疑问，面对棉花糖的诱惑，每多等一分钟对孩子来讲都是煎熬，等待中，有的孩子开始变得急躁，拉扯头发，踢桌角，试图伸手去拿棉花糖；也有的孩子会把眼睛捂起来，把头埋起来，或者干脆转

过身面对着墙。

结果，大部分孩子在实验开始后的三分钟内将棉花糖吃掉了，只有三分之一的孩子做到了延迟满足自己对棉花糖的渴望，直到助理再次回到房间。那是相当漫长的一刻钟，当然，通过等待，这些孩子也成功获得了另外一块棉花糖的奖励，然后喜滋滋地吃起来。这三分之一的孩子也被定义为延迟满足能力较强的人。

随后的一段时间，米歇尔对这些参与实验的孩子进行了跟踪观察，他发现延迟满足能力较强的孩子，往往能够取得更好的学习成绩和社交成绩，原因是他们在学习和生活中都拥有较强的自我把控能力，懂得管理自己的行为、控制冲动的情绪，在实现学习目标的过程中拥有比较强的毅力，且善于转移自己的负面情绪，能够较为妥善地处理与伙伴之间的关系。

多等几分钟我就可以吃到更多棉花糖了！

就像米歇尔的实验一样，家长在生活中也会发现，同样年龄段的孩子，有的能够认认真真完成功课，有的则三心二意、马马虎虎；同样是等待看动画片，有的孩子能够安安稳稳地等五分钟，有的孩子则一会儿都等不了。

之所以会出现上面情况，主要是因为不同孩子的延迟满足能力有所不同。儿童的情绪管理与延迟满足是一个正相关的关系。情绪管理能力强的孩子，延迟满足的能力也很强，同样，延迟满足能力强的孩子，往往也更能控制自己的情绪。那么，如何科学解释这种关系呢？

孩子的行为很多时候受情绪所控制。孩子在诱惑面前，之所以会出现把持不住的情况，以及各种与之相关的表现，根源就在于他们的情绪被触动了。面对棉花糖，他们产生了焦虑、渴望等情绪，进而促使他们不等助理回来便把棉花糖吃掉了。

在生活中，类似的事情会时有发生。电视上 8 点钟要播放孩子喜欢的节目，还在写作业的孩子到了 7 点半就有点坐不住了，一会儿摆弄摆弄手表，一会儿上一趟厕所……

延迟满足能力会影响孩子的学习能力和交际能力。培养较强的延迟满足能力对孩子的成长至关重要。

那么，如何来锻炼孩子的延迟满足能力呢？我们还是回到情绪角度来分析，孩子的情绪很容易爆发，原因是孩子的情绪容量都很小，经不住刺激（正向刺激与反向刺激）。所以，延迟满足应该与情绪控制一起完成。

我们来举个例子。一个孩子似乎总是对去迪士尼乐园念念不忘，当看到与之有关的动画、玩偶的时候，总会有按捺不住想要得到的冲动，对此，家长做了以下几件事：

在一个安静的晚上，爸爸妈妈一起听孩子讲他有多么喜欢迪士尼，多么想去迪士尼乐园。

听了孩子的讲述之后，爸爸妈妈肯定了孩子的想法，并告诉孩子自己小时候也喜欢去儿童乐园，然后询问孩子是怎么喜欢上迪士尼乐园的。孩子告诉父母，去年有一个同学去过，在班上说了很多有关迪士尼乐园的事情。

在交流后的第二天，爸爸妈妈一起带孩子去了所在地的儿童游乐园，还携带了很多有迪士尼元素的玩具。在游乐园游玩的时候，一边让孩子获得快乐，一边用玩具来营造迪士尼的氛围。

回到家之后，询问孩子这一天过得是否开心，孩子告诉父母，他感觉家乡的游乐园也很有趣，也会有迪士尼小伙伴。之后父母答应孩子，虽然现在因为时间关系无法去迪士尼，但未来一定会带孩子去迪士尼的，而最近这段时间，如果孩子还想要去游乐园玩耍，只要有时间，爸爸妈妈随时会带他去。

通过这一系列操作，孩子对于迪士尼的心理渴求降低了，并获得了一个积极的内心逻辑，在这一逻辑中，自己的渴望或内心需求得到了父母的重视，并得以满足。那么下一次，当他再一次遇到迪士尼玩偶时，他的情绪波动便不会那么大了。

综上所述，我们可以将延迟满足能力的培养和锻炼总结为两个

原则：

第一是鼓励孩子积极的等待

任何等待的过程都将是枯燥乏味的，但如果在等待过程中，适当满足其主需求之外的次一级需求将是明智的选择。

例如，一位妈妈带孩子去银行办业务，她预想到等待时间可能会较长，于是提前为孩子准备好了他喜欢的绘本，或者等待的过程中，和孩子积极互动，比如做亲子游戏等都是不错的选择。

第二是证明等待的"价值"

延迟满足能力的培养归根结底还是得让孩子觉得付出的等待是有意义的，这样才更有利于孩子该项能力的发展和养成。等待过后得到的"特殊价值"可以是孩子喜爱的食物，也可以是睡前多讲一个绘本故事的承诺，父母可以根据具体情况为孩子的付出设定合理的回报。

试想一下，如果我们是一开始实验中那三分之一的孩子，在经过长达 15 分钟的漫长等待后，我想我们得到的不仅仅是两个棉花糖，更重要的是内心感受到的双倍幸福感。那是克服了内心渴望，在心理上战胜自我的巨大胜利，更是一份自豪感。

一位妈妈曾分享她儿子的"童言"："粑粑堵在里面的时候，肚子不舒服，使劲儿拉出来就舒服了。"事实上，这就是孩子对幸福感最初的也是最原始的感受能力，他知道要通过"使劲儿"这个过程才能获得那份"来之不易的舒服"的幸福。

锻炼情绪脑，提升孩子的情绪管理能力

　　电影《银河补习班》中，博喻学校的教导主任阎主任一生从事教育事业，长时间以来奉行"高压式"的教学理念，忽视学生的学习能力和身心发展，固执地坚持唯成绩至上的观念。他的儿子（也就是影片中的疯子）就是在他"精心"栽培下结出的悲剧果实。

　　疯子本是阎主任收养的儿子，在阎主任唯成绩至上的教导下，这个孩子成绩一直十分优异，并且在高考时，以全省高考状元的身份考入大学。可令人唏嘘的是，在大二的一次考试中，这个孩子却败给了一次偶然的考试失利。孩子偶然的"失败"并未得到阎主任的理解和疏导，从未体验过挫折的他选择了以极端的方式结束自己的生命，自杀未遂后，他开始变得疯疯癫癫，荒废了大好的前程。而阎主任也将

儿子的照片从墙上取下，再未对人提起他和这个疯子的关系。

一个人是否真的幸福取决于其内心的真实感受，而非取决于是否符合某些外在的社会标准。在养育孩子的过程中，一些父母会对孩子的成绩是否出众、某种才艺是否超越他人表现得过于在意，却忽略了孩子的心理成长。

父母应该尊重关心孩子的真实感受，并有意识地培养孩子应对负面情绪的能力，这样才更有利于孩子健康成长。

情绪与大脑有关。生理学家根据大脑的结构将其分为生存脑（脑干）、情绪脑（边缘系统）和思考脑（额叶），它们的功能及对情绪的影响各不相同。

生存脑掌管着人类最基本的生存需求，比如呼吸、心跳等，并控制维持生存所必须的动作与反应。当觉察到危险来临，个体安全受到威胁时，生存脑会让人选择逃跑或者反抗来保护自己；同样当个体情绪失控，做出极端的施暴行为时，也是生存脑在发挥作用。

情绪脑掌管着人类的喜怒哀乐，当个体处于紧张、沮丧、失望、愤怒等消极情绪时，大脑会自动进入生存脑状态，个体行为易表现出非理性特点；当个体处于放松、愉悦、自信等积极情绪状态时，大脑则会自主进入思考脑状态，其行为表现得富有理性和智慧。

思考脑是大脑的 CEO，掌管着我们日常的理性思考行为，且思考脑只有在个体处于放松、身心愉悦等积极情绪状态时才会发挥作用。

脑科学家研究发现，情绪脑之所以对人类情绪调节起着重要作

用，是因为其核心杏仁核负责情绪记忆，而海马体负责情景记忆，二者联动，则会在大脑中形成情绪记忆的情景模式。如此一来，积极的情景会调动起积极的情绪，转而进入思考脑，也即理性思考状态；而消极的情景则会调动消极情绪，转而进入生存脑，也即非理性思考状态。

孩子不断经历的某种情绪体验，将在这短暂的幼年时期形成某种固定的回路通道，进而形成稳定的情绪反应习惯。由此可见，童年无疑是促进其情绪脑发育的关键期，那么在这一时期该如何帮助孩子锻炼情绪脑呢？

一、帮助孩子识别各种情绪

人类的情绪是多样且复杂的，然而 6 岁之前孩子的情绪更多呈现出外显型的特点，所以，父母对孩子的情绪感知起来并不难。悲伤、失望、沮丧、恐惧、愤怒……这些情绪于孩子们而言还停留在内心感受阶段，也就是说他们能感受到这些情绪，却不知道这种让他们笑、令他们哭的东西到底是什么。所以这时候就需要父母帮孩子认识情绪，从而奠定其情绪情感发展的基础。

二、接纳理解孩子的情绪

除此之外，父母还应该学着接纳和理解孩子的情绪，允许孩子产生和表达自己的情绪。举例来说，很多父母"怕"孩子哭，对于"不许哭，给我憋回去"类似的话，父母应该都不陌生。事实上，不许哭就等于在告诉孩子"别那样去感受"，从而使孩子对自己内心的真实感受感到愧疚或无所适从。所以，剥夺孩子感受情绪的权利在任何时候都是不明智的，当孩子感受到负面情绪时，不妨帮助其感受并识别这类情绪，例如可以告诉孩子："如果感到难过，那就哭一会儿吧。"

三、引导孩子管理情绪

父母不仅要让孩子学着去感知自己的情绪，认识它们，还要有意识地培养孩子管理自我情绪的能力。

当孩子在公共场合过于兴奋时，家长可以告诉孩子"哈哈大笑"会影响他人，并给他们提供有限的选择，比如可以选择停止大笑，或是选择暂时离开。

而当孩子因负面情绪袭来而情绪失控时，则可以试着询问孩子，是想让妈妈陪在身边，给个拥抱，还是想独自待一会儿。面对孩子

的负面情绪，父母要尽可能保持和善和冷静，并尊重孩子的选择。当孩子表示愿意接受拥抱和陪伴的时候，一个拥抱过后，不妨选择一些游戏或绘本来转移孩子的注意力。长此以往，孩子的情绪管理水平会得到显著提高。

四、给予爱的同时让孩子学会感恩和回报

如果说前三个建议需要父母付出足够的爱和耐心的话，那么在第四点中，我想说在给予孩子爱这一问题上，我们可以适当吝啬一些，因为中国式的父母对孩子的爱往往是无私而不求回报的，很多时候这种"爱"会发展过度，从而演变成溺爱，而在骄纵无度中成长起来的孩子多会变成小霸王，变得不懂得感恩和回报，变得肆意妄为，而这并不利于孩子健康情感的培养。

举个例子，当妈妈生病时，不必强撑着照顾家中的孩子，你可以告诉他："妈妈现在很难受，需要休息，你能独自玩一会儿吗？"以这种方式告诉孩子，大人也是需要被照顾的，以此培养孩子学会理解他人、关爱他人。

当一个孩子沐浴在阳光乐观自信的心态中时，他在生活和学习中的思考会更加积极有效，因此，智力的良好发展还需要健康的情绪情感来保驾护航。而一些所谓的天才儿童，倘若没有积极的心态来调节自己，那么沉重的负面情绪很可能会让他们做出令人扼腕叹息的憾事。所以家长朋友们，相对于开发智力，培养情绪脑，使孩子拥有健康的情绪情感在孩子成长过程中更为重要。

引导孩子通过感受判断、表达情绪

我们经常会遇到这样的情况：当别人打哈欠时，我们也会不自觉地被"传染"；当我们追剧或读书时，总会莫名地将自己带入到角色中，为他们的不幸而落泪，为他们的成功而喜悦。

事实上，这是人脑中的共情机制在发挥作用。在人脑中存在一种被称作镜像神经元的细胞，它独有的镜像机制能够反映他人的行为，并促使我们去模仿，除此之外，镜像机制的存在还能够让我们更加敏感地捕捉对方的感受，判断对方的情绪。

通过感受判断情绪，这正是我们要教给孩子的方法。可以回忆一下，当你感到舒适安逸时，内心是否会充满正面情绪，而当你感到担忧不安时，情绪也会转向负面且变得极不稳定。这个道理就像

我们感觉到了疼，那么一定是哪里出了问题，当我们感受到了悲伤，那一定是什么触动了我们悲伤的情结。

研究表明，人脑中负责调解情感的前额皮质要到 25 岁左右才能发育完全，所以对于孩子来讲，他们无法明确知道自己的情绪是什么，更谈不上如何正确表达了。但是，孩子却有感受，他们对于自己的感受是能够表达的，而且孩子在处理自身感受时也会通过观察并模仿成人的表达方式，因为镜像神经元细胞的存在，孩子会非常敏感地捕捉到父母的感受，并模仿他们处理感受的方式。

试想一下，如果父母一味地压抑自身感受，作为父母，我们可能会觉得我把不好的感受隐藏起来了，可实际上，它在无形中依然影响着我们周围的人，那无异于是在给孩子一个这样的信号——不要那样的感受。

洪水之所以会泛滥，有时是因为汇聚了太多而导致决堤造成的，负面情绪的积压，最终会导致情绪容器的崩溃。所以，教会孩子用感受来表达情绪对于孩子认识和疏解自身情绪是很有帮助的。

媛媛今年 4 岁，正处于情绪敏感期。

有一次，媛媛妈妈负责的项目出了点意外，连续一周的加班让媛媛妈妈心力交瘁，而 4 岁的孩子精力是那么旺盛，他们总会缠着家长陪自己玩游戏，讲故事。

回到家中，媛媛欣喜地跑向妈妈，说道："妈妈，你看我今天在幼儿园做了一架超级大飞机，我们一起玩飞机好不好？"

媛媛妈妈累得连一句话都不想说，心里很烦躁，但如果现在"发作"的话，女儿很可能会觉得是自己哪里做得不好。于是，媛媛妈妈蹲下来，看着媛媛的小脸说："妈妈今天工作进行得不怎么顺利，现在妈妈累坏了，需要休息一下，能让我单独待一会儿吗？"媛媛点点头。

媛媛妈妈到卧室里躺下了，过了一会儿，媛媛走进来问："妈妈，你现在好一点了吗？"媛媛妈妈说："还没有，再给我一点时间好吗？"门又被关上了。

大概半小时之后，媛媛妈妈调整好状态，来到客厅告诉媛媛："谢谢你，我现在感觉好多了！"说完，媛媛妈妈和媛媛一起愉快地玩起了飞机。

当家长面临各种负面情绪时，不妨和孩子分享一下，直白地告诉他"因为一些事，我现在感觉很糟糕"，然后让孩子帮忙想一个解决这种糟糕情绪的办法，也可以像案例中的媛媛妈妈一样，让孩子给自己一点自我调整的时间。

这样做，一来，孩子会明确原来父母也会有"糟糕的感受"，二来可以引导孩子在受负面情绪影响时，能够主动表达出自己的感受。在家庭中，如果父母能够做到正确地表达自己的感受，那么孩子的情绪教育就会事半功倍。

随着孩子的不断成长，他们的情绪体验会越来越丰富，但碍于情绪认知水平较低，此时如果没有家长的正确示范和引导，那么孩

子很可能在情绪发展方面出问题。

6岁的乐乐最近看起来并不开心，因为她刚有了一个小弟弟，全家人都在围着这个新来的小家伙转，明显忽视了她的存在。直到有一天，妈妈看到乐乐踢了弟弟一脚，脸上不友好的表情一目了然。妈妈没有大声训斥，只是略带嗔怪地说："不可以踢弟弟！"可是这时乐乐却大声哭喊起来："我讨厌弟弟！"这一喊好像要将心中对弟弟的怨气全都发泄出来似的。

妈妈拥抱了乐乐，看着昔日里开朗活泼的女儿，现在却一脸委屈和愤怒，温柔地对她说："妈妈知道，被忽视的感觉一定很难受，妈妈也能体会到你现在有多么伤心。妈妈爱你，但你在生气的时候踢弟弟是不对的！或许你愿意跟我说说你心中的想法。"

这不是特例，对于这个年龄段的孩子来讲，用不恰当的行为方式表达自己的感受是非常常见的事情。他们之所以会选择这样的方式，并不是因为他们"本性向恶"，而是因为他们真的不知道该如何面对突如其来的情绪洪流。

所以这时候，家长不要动辄发怒、说教，更不要急于给孩子贴上类似于"不懂事"和"坏"的标签，比如大多数家长可能会这样说，"怎么那么不懂事啊！你是老大，要让着弟弟！""这孩子现在怎么变得那么坏啊！"当孩子的感受无处排解，又得不到父母的理解时，他们只会诉诸更加极端的方式。

而懂得心理学的家长首先应该尝试着去理解孩子内心的感受，让他知道原来自己不是孤立的，是被理解的，这也是我们常说的共情法。共情能够让你与孩子的心灵架起沟通的桥梁，在这样的前提下，你接下来要说的话，孩子才能真正听进去，孩子才愿意将自己的感受说给你听。而且当孩子因为愤怒等情绪做出不良行为时，也要明确而坚定地告诉他——"这样是不可以的"。

　　瑶瑶今年3岁，对她来说，睡前故事是每日必不可少的环节。这天，瑶瑶妈妈因为不舒服想要爸爸给孩子讲故事，但爸爸出去应酬却迟迟未归，妈妈只能硬着头皮给瑶瑶讲起了故事。故事讲完之后，瑶瑶问："妈妈，你是不是不喜欢给我讲故事？"妈妈一头雾水，"当然喜欢啊！你怎么会这么问？"瑶瑶说："因为你的眉毛都扭到一起了！"

　　如你所见，孩子就是如此善于捕捉父母的表情语言。不仅如此，相信不少父母还会有这样的感受——当自己的感受被孩子看出来，并获得孩子的理解时，我们会欣慰很多。

第三章　愤怒：

因为孩子内心的委屈得不到释放

关于愤怒情绪，你可能存在的教育误区

6 岁左右是孩子情绪引导的关键时期，这一时期的孩子情绪爆发会频繁而多变，很多父母会叹息："之前那个乖巧可爱的孩子去哪儿了？"

那么为什么会这样呢？这一阶段的孩子开始慢慢变得"独立"起来，他们不仅有自己的想法和心理活动，而且还有自己的思维方式。他们的情绪容器开始逐渐形成，同时他们也容易被情绪所左右。不过，这个过渡显得有些突然，以至于大多数父母在震惊于孩子成长的同时，也有着不同程度的困惑。

对于这个阶段的孩子来说，他们还面临着另一个问题，那就是他们通过语言调节情绪的能力尚未完善，还不足以支撑他们顺畅地

表达各种各样的情绪。因此当有极端情绪出现时，他们往往会采取"原地爆炸"的方式，就像人们常说的"六月的天，孩子的脸，说变就变"。

研究表明，这一阶段孩子的情绪发展具有易冲动、易外露、易"传染"等特点，而这当中最常见的便是愤怒情绪。事实上，家长可以花上几分钟时间仔细观察一下孩子努力处理愤怒情绪时的样子——他往往会将手上的玩具当作发泄对象，用力扔向某个角落；又或者他可能会用力跺脚，下意识地伸手打人或拉扯头发；更有甚者躺在地上撒泼打滚，大声哭闹。

然而，孩子情绪发展之所以呈现出这些特点，除了孩子自身对情绪的处理能力尚不完善之外，也与家长错误的养育方式有关。只不过这些影响往往在潜移默化中慢慢形成，不易被察觉，因而很多家长并未意识到。

4岁的巧巧曾无数次看到类似的场景：爸爸接了一个不怎么愉快的电话，他皱着眉头，语气愤怒，电话被挂断之后，问题显然没有解决，爸爸将手机摔到沙发上，然后站起来，用力踢了沙发之后摔门而出。

之后，巧巧生气时的样子就像是爸爸的缩影，她在试图画好美人鱼的尾巴，几次尝试失败之后，她用画笔在画纸上乱画一通，然后愤怒地将纸揉成一团扔到了一边。当她觉得内心感受不被理解时，也会用力摔门将自己关到卧室里。

5 岁的糖糖正在浴盆里享受着属于自己的洗澡时光，她开心地吹着泡泡。然而对于工作了一天的妈妈来说，现在真是筋疲力尽，就想尽快躺到床上，好好睡上一觉。妈妈不耐烦地对糖糖说："快点站起来！擦干身体上床睡觉了！"糖糖显然不买账，还不小心将泡泡甩到了妈妈身上。妈妈顿时火冒三丈，皱着眉头将糖糖从浴盆中拉了出来，简单粗暴地擦干并给糖糖穿上了睡衣。

　　回到床上之后，糖糖依然不买账，她撅着嘴，大声叫道："今天我不要妈妈讲故事，我想要爸爸！"

　　家庭环境对于孩子情绪发展是非常重要的，都说父母是孩子的第一任老师，"身教"的力量绝对是不容忽视的。

　　一方面，父母情绪失控会被模仿力极强的孩子学了去，并无形中深深影响着孩子，所以当孩子情绪爆发时，他们会无意识地模仿

家长的样子，而家长情绪失控最多的表现便是愤怒。

另一方面，家长无法以科学合理的方式面对孩子的愤怒情绪。很多家长通常会采用两种处理方式：一种是抑制，一种是错误归因。

"不要哭！""不要闹！""好好的你发什么脾气？！""你再闹我就打你了！""你别闹了，妈妈给你买玩具！"这样的言语说出口，无论是威胁还是利诱，本质都是在抑制孩子愤怒情绪的爆发，想要让孩子立即控制住情绪。但想想也觉得可笑，大人在愤怒的时候尚且没有办法做到立刻不生气，一个孩子又怎能做到呢？

所以这种方式往往会适得其反，它可能会让孩子对愤怒情绪产生错误的预判，觉得这是不对的，这是在挑战父母的权威，进而产生两个后续的结果：要么自暴自弃，觉得一切都是自己的错，性格因此变得懦弱；要么经常发脾气，以愤怒作为要挟父母的手段。

而错误归因，简单来说就是用错误的方式来转移孩子的愤怒情绪。例如孩子的愤怒本来是指向家长的，但家长却说"都是老师的错，看把我家宝贝气成这样！""妈妈好心疼你，下次再见到××，妈妈和你一起打他！"

错误的归因会导致孩子形成错误的思维习惯，从而使他们遇到问题更喜欢用逃避或暴力的方式来解决。我们看到很多欺负别人的学校小霸王，他们的出现往往与父母选择错误的归因有关。

无论是抑制还是错误归因，归根结底父母是想让孩子不再哭闹。然而，这些方法虽然看上去有可能起到一定作用，但根本问题却没有得到解决。在孩子的情绪容器里，已经溢出的愤怒并没有被疏导

出去，那么当下一次他的愤怒情绪再爆发时，便只会越来越强烈了。

当然，还有一点需要提醒家长的是，过分宠溺也是孩子容易爆发愤怒情绪的源头之一。

孩子是父母的"心头肉"，很多爸爸妈妈对于孩子提出的要求，往往是"有条件要满足，没有条件创造条件也要满足"。当孩子习惯了"无成本"地索取之后，他们不仅会变得不懂感恩，而且还会因为自己的某个要求未被满足而大发脾气。

毫无疑问，过分的骄纵让孩子变得有恃无恐，当他们想要得到某样东西的时候，只要父母略微面露难色或刚说出一个"不"字，换来的就将是一场漫无止境的叫嚷和吵闹。这种闹剧几乎每天都会在各种商场、超市甚至路边上演，父母们只能暗暗叫苦了。

是什么让孩子成为愤怒的"小怪兽"

我们已经了解了在面对孩子的愤怒情绪时家长容易犯下的错误，那么正确的做法是什么呢？解答这个问题之前，我们需要先了解一下到底是什么让孩子成了愤怒的"小怪兽"。

孩子正在安安静静地写暑假作业，妈妈走了过来，孩子停下手中的笔对妈妈说道："妈妈，给我买小狗了吗？"原来，妈妈今天出门答应给期末成绩考得不错的孩子买一条小宠物狗，但现在，妈妈却空着手回来了。

"没有买！"妈妈没好气地回答。

孩子满怀期待的心落空了，顿时不高兴起来。

由于妈妈在外面遇到了不高兴的事，转而冲孩子抱怨："学习没见你用功，整天就知道玩，还要小狗，你怎么不要老虎啊！"

听了妈妈这话，孩子一瞬间暴怒了起来，一边哭一边大喊："是你说话不算话……"随后进屋就把自己的作业扔得到处都是……

学习没见你用功，要什么小狗！

妈妈，买小狗了吗？

毫无疑问，这个孩子是发怒了，如果不是因为愤怒情绪，他是绝对不会把自己辛辛苦苦写完的作业到处乱扔的。那么，孩子的愤怒情绪又是怎样产生的呢？

心理学上对愤怒的定义是：愤怒是一种具有强烈刺激性的情绪，它是由心理上极度的挫折感引发的强烈不满，它让人觉得自己的价值丧失了或安全遭受到了威胁，进而让人爆发出反抗他人的本能。

从这个定义看，案例中孩子的愤怒是由妈妈的刺激引发的，这个刺激诱发了孩子在心理上的挫折——应该得到小狗而没得到，自己的努力不被承认和奖赏，那么自己的努力还有什么价值呢？价值感降至谷底，于是一瞬间，消极的情绪冲破了情绪容器的边界，孩子的情绪最终爆发了。

具体来说，孩子的愤怒可能有很多种，但都无外乎价值感和安全感受到冲击：

1. 因为不公平而产生的愤怒情绪。公平感是孩子价值感和安全感的基本组成部分，换句话说，当遭遇到不公平时，孩子的价值感和安全感就会被同时攻击，愤怒的情绪就这样产生了。

明明答应我的，说话不算数！

上学时被老师不公平对待，和伙伴们一起玩耍被孤立，明明没有做错事却遭到家长斥责……类似这种事情导致的愤怒实在是数不胜数。

2. 出于正义感而产生的愤怒情绪。社会正义和公平一样，它会对孩子的价值感和安全感产生影响，这是因为人有一种投射心理，会将他人身上发生的事情投射到自己身上，因而，当正义被冲击时，人也会因为正义感爆发出愤怒的情绪。例如孩子看到同班同学受高年级学生欺负会发自内心地产生愤怒情绪。

3. 为了掩饰而产生的愤怒情绪。当孩子犯了错需要背负责任时，为了逃避责任、掩饰自己的错误，偶尔也会爆发出愤怒的情绪。我们经常看到，一件事明明是孩子做错了，但他却表现得比任何人都愤怒，这其实就是在通过愤怒掩饰自己的错误。

4. 为了与他人拉开距离而产生的愤怒情绪。有的时候，愤怒也产生于一种排斥他人的心理。当孩子十分排斥某人，渴望与他拉开距离，而他又偏偏就在身边时，孩子的内心会产生严重的不适，进而诱发出愤怒的情绪。

然而我们也要明白，无论孩子爆发何种愤怒情绪，其核心都是恐惧情绪的蔓延，意图用一种转变爆发的方式来释放恐惧情绪。出于安全感被破坏的恐惧，出于对价值感的保护，出于对担负责任、接近他人的恐惧……当恐惧情绪没有正常的释放方式时，转变成为愤怒情绪就是一种很自然的路径了。

那么，作为一种情绪，孩子的愤怒又传递给家长怎样的信号呢？愤怒情绪告诉家长，孩子是没有办法面对当前问题的，他对维护自尊和自信无能为力，因此只能用极端的方式来表达自己的不满。

孩子渴求妈妈兑现诺言奖励自己一只小狗，但妈妈却食言了。

对于妈妈的出尔反尔，孩子如果自己有钱，当然可以自己去买，但他没有，于是只能用扔掉作业那种极端的形式来表达对妈妈的不满。

所以，当家长朋友发现孩子"莫名其妙"愤怒时，你就要考虑，孩子到底在面对着什么？他的内心正经历着怎样的挫折？只有能够准确回答这些问题，你才能够摸清孩子愤怒的原因，进而帮助孩子排遣掉愤怒的情绪。

还有一点需要提醒，随着孩子年龄越来越大，他们的愤怒情绪可能会转变为一种自我攻击、自我伤害的行为，尤其是在亲密关系当中。

一个男孩儿被自己的父亲打了一顿，理由是他不好好学习，但这个学期男孩真的很用功地在读书，期末成绩也有了很大进步。男孩十分愤怒，最终他选择了自杀。

一个女孩儿和男朋友分手了，她对男朋友很好，但男朋友却不珍惜她，她感到无比愤怒，于是她变得堕落了，变成了一个十分随便的女孩儿。

上面男孩儿和女孩儿都有强烈的愤怒情绪，但是他们对对方的愤怒却没有演变成对对方的攻击，转而变成了向内对自己的攻击。这种对内攻击的深层次心理是通过伤害自己来伤害对方，通过让对方愧疚来达到报复的目的。对于男孩儿的死，父亲一定会内疚，对于女孩儿的堕落，男朋友也会自责，这其实正是他们想要达到的效果。

孩子发飙时，家长可以尝试积极倾听与积极暂停

相对于其他消极情绪，愤怒是一种带有交流性质的、互动型的情绪，所以虽然看起来很激烈，但解决起来却并非想象中那么难。

当面对一个愤怒异常的"小怪兽"时，家长首先要对孩子进行一些有效的"非语言信息"表达，以此表示对孩子的关心和理解。比如以平和的眼神看孩子，以自然的表情、温柔的语气去面对孩子。然后再给孩子足够的表达时间，一般情况下孩子的愤怒值都会慢慢降低的。

当然，在家长准备和孩子好好谈谈之前，最好能给孩子一个微笑或拥抱，然后尽量让自己的视线和孩子保持在同一高度，不要俯视、斜视等，蹲下或单膝跪都是不错的选择。"非语言信息"的暗

示能够使我们和孩子迅速建立有效的情感联结，这时家长将不会以一个对立的形象出现，这样孩子更愿意表达自己的真实想法。

那么在孩子表达时，家长需要怎么去做呢？

积极倾听

如何倾听也是一门学问，心理学提倡积极地倾听，上面提到的非语言暗示也是积极倾听的一部分。除此之外，积极倾听还要求当孩子愿意说出自己的感受时，父母无须表示赞同与否，在回应时更无须对其感受做任何评判，而要做的就是让孩子感受到他被理解，并愿意敞开心扉去探究自己的这种感受。

下面我们将列举孩子们在愤怒情绪爆发时经常会说的一些话：

"正正真是太讨厌了，我再也不要和他做朋友了！"

"不！我就是不想洗澡！"

"我才不要去看医生，我不要打针！"

面对这样的话语，大多数父母通常会站在成人的角度，试图说服孩子不要有那样的想法，很多家长可能会试图这样回应：

"你们不是很好的朋友吗？好朋友就应该互相理解和体谅啊！"

"为什么不想洗澡啊！我都说过很多次了，不洗澡你会变成一个臭宝宝！"

"你怎么就是听不明白呢？不看医生病能好起来吗？"

然而这样的回应只会让情况变得更糟，因为家长并没有真正站在孩子的立场和角度去看问题，这样的回应非但起不到安抚作用，反而会使孩子因感到被误解而情绪更加激烈。那么积极的倾听应该是怎样的呢？

"我想你们之间可能发生了什么不愉快的事情才会让你有这样的想法吧！你想要说给我听听吗？"

"这个积木房子的创意看起来真是不错，因为洗澡而被中断让你看起来有点不高兴了，是吗？"

"妈妈告诉你一个秘密，其实我小时候也有点害怕去医院！"

积极倾听并不要求我们赞同孩子的感受，它只是能够让孩子感受到自己被理解了，更会给孩子一个积极的讯号——原来这样的感

受是合理的。以爱和理解作为解锁孩子情绪密码的钥匙，这才是明智之举，而且在爱和理解基础上建立的信任关系很可能会伴随孩子一生。

积极暂停

可能有的家长会说，自己家的孩子耍脾气时"非常专注"，他们会瞬间"失去听力"，哪还管你说什么！不可否认，这类"小怪兽"也确实存在，且不在少数。面对这类孩子，父母们又该何去何从呢？

从生理角度讲，当人处于愤怒状态时，大脑中前额叶皮质的连接是处于断开状态的，该部位主要负责调解情感、控制冲动及理性判断等，"连接断开"使得前额叶皮质无法正常"工作"，而火冒三丈的我们也因此成了失去理智的"疯子"。所以很多人都知道，当处于某种极端情绪时往往做出的决定都是错误的，明智的做法是首先让自己冷静下来。

对于大发脾气的孩子来讲，一次积极的暂停是必不可少的。所谓积极暂停，一方面需要父母的理解作为基础，父母要理解孩子以这种不恰当的方式来表达自身的强烈情绪；另一方面，适当运用隔离法将孩子带到一个你能看到，但他又不能做任何事情的"寂寞"环境中，让孩子充分感受自己的愤怒，直到怒火熄灭。

当孩子冷静下来之后，我们可以采用积极倾听的办法，引导孩子说出内心的感受。除此之外，当孩子的极端情绪"爆发"得较为频繁时，很可能是因为他不擅长表达自己的内心感受，那么就需要父母在日常生活中，及时给孩子普及一些"情感词汇"，比如：伤

心、恐惧、孤独、委屈等，引导孩子用语言表达自己的感受。

其次，游戏对孩子来讲有着天然的吸引力，从一定程度讲，以游戏的方式帮助孩子表达自己的愤怒将是不错的选择。在这里给大家分享一个游戏——愤怒的跳棋。

首先需要爸爸妈妈提前准备一个"特制"棋盘，并在棋盘上列出孩子发脾气时可供选择的发泄方式，比如：说出你的感受、枕头大战、砸地鼠等。

然后以掷骰子的方式决定跳棋走几步，比如，骰子显示3，跳棋则走三步，跳棋跳到哪里，就以哪种方式进行表达。

此外，"枕头大战"也是不错的选择，因为枕头较软，不会伤害到游戏双方，在"对战"过程中，也能让孩子的情绪充分发泄出来。

有一点特别需要注意的是，孩子的愤怒情绪也会影响到家长，孩子情绪一旦失控，父母们就会跟着"原地爆炸"，尚且不说安抚孩子，连"独善其身"都很难做到。显然，从长远角度来看，"以暴制暴"的方式并不能帮助孩子改善乱发脾气的习惯，反而会在一定程度上助长孩子的"气焰"。

对于自带负面情绪体质的父母们，请尽量不要将工作的焦虑带回家，在家庭中应尽量给孩子营造一种和谐的氛围。面对孩子的负面情绪，首先应保持冷静，眼前这个"小怪兽"或许更需要一个爱的抱抱。

再者，触摸可以在一定程度上减轻疼痛和压力。那么对于心灵受到某种伤害的孩子而言，他们内心或许非常渴求来自爸爸妈妈的一个拥抱，摸摸头、拍拍肩都是不错的选择。

从根源上解决孩子愤怒情绪的三个路径

对于孩子的情绪问题，我们追求的是既要治标又要治本；既要能够安抚愤怒的孩子，又要能够从源头化解孩子的愤怒。

生活中我们偶尔会遇到这样的孩子，他们的脾气一点就着，遇到稍微不舒心的事情就会发怒，完全不顾及场合和身边的人。他们的愤怒不但没有征兆，而且往往会持续很久。对于这样的孩子，心理学认为他们是有些躁郁的，而根源就在于愤怒的情绪长期积压而没有得到解决。

愤怒的情绪有所缓解并不代表情绪问题彻底得到解决，这就好像是情绪容器已经装满，每一次只用勺子舀出一点点积压的情绪，这样表面看情绪是没有了，但下一次稍微一点情绪填进来，愤怒就

会再次爆发。

所以，从根源处帮孩子彻底解决愤怒问题，这一点至关重要。解决愤怒这一情绪问题，家长可以尝试下面方法。

第一步，帮孩子识别愤怒情绪，并建立科学的沟通渠道。

我们在上一章告诉了家长如何帮助孩子识别情绪以及如何通过共情、锻炼孩子延迟能力来提升他们控制情绪的能力，在这里，我们刚好需要用到这些方法。

日常生活中，家长要有意让孩子多去观察处于愤怒中的人的状态，以及当孩子有些许的愤怒情绪而没有爆发时，家长要让孩子多去感受自己的情绪状态。

孩子愤怒了！

当孩子能主观判断出自己的愤怒情绪时，家长要与孩子建立沟通，尤其是当孩子已经爆发愤怒情绪时，更要抓住这个机会进行沟通，让孩子知道他的心理是被重视并可以得到回应的，进而让孩子形成理性的思维路径，即当自己委屈愤怒时不用发脾气，完全可以先与爸爸妈妈沟通来排解情绪。

第二步，辅助孩子建立价值感和安全感。

孩子为什么会愤怒，因为价值感和安全感受到了威胁，而如果一个孩子价值感和安全感都很充足，那他受到威胁的概率就会相对少一些。一个经常出去旅游，去过很多地方的孩子，当有同学在他面前炫耀自己假期出去玩耍时，他一般是不会生气的，因为他在这方面的价值感足够强大；但一个整天闷在家里，每次和父母要求出去旅游都被拒绝的孩子，在面对同样的炫耀时，他就会觉得自己的价值感受到了攻击，进而产生愤怒情绪。

孩子的价值感和安全感一部分来自于物质，除此之外，父母长期的爱护和陪伴，在成长阶段获得充足的知识，有足够的经历开阔眼界，有良好的朋友关系……这些都是价值感和安全感的来源。

第三步，带领孩子练就强健的体魄。

愤怒情绪的源头是当价值感和安全感受到攻击时，自己没有办法进行自我保护和反击。所以，如果孩子有能力进行自我保护和反击，其愤怒情绪就不会那么强烈和具有伤害性了。而健康的体魄，本身就会给孩子一种充实的感觉，让他在潜意识中觉得自己的能力足以进行反击，或者至少是可以与对方抗衡的。

不过家长们需要注意的是，我们这里的反击并不是行为上的攻击对方，而是一种潜意识层面的抗拒，是一种抽象的心理状态。这种状态剖析起来过于复杂，所以我们这里不进行展开。

　　强健的体魄有助于孩子产生积极的情绪和化解消极情绪。具有强健体魄的孩子，他在生气后消气也会比较快。

　　综上所述，愤怒情绪是一种影响大、破坏性强的显性情绪，因为这个特点，孩子的愤怒情绪容易被识别，所以家长往往也最容易关注到这一点。但在关注了愤怒情绪之后，家长朋友不但要学会怎样缓解孩子的即时愤怒，还要学会发掘孩子愤怒情绪的根源，从根源上帮助孩子理性认识情绪、科学排解情绪，这样孩子才能更加健康地成长。

第四章　妒忌：

因为孩子的自我意识没有建立起来

关于妒忌情绪，你可能存在的教养误区

那天是周三，按照惯例，下午是孩子们特别喜欢的画画课，本来是个高兴的日子，小朋友们都开心地拿出了自己的画笔和画本，张老师说："今天绘画的主题是'秋游'，大家可以用手中的画笔画出你们眼中秋天的样子。"话音一落，大家都投入到了自己的创作中。

张老师从一个小桌走向另一个小桌，看着认真画画的孩子们，当走到 3 号桌的时候，张老师看到糖糖的作品，不由地说了一句："糖糖画的秋天很漂亮！"那张画确实很出彩，画中有一棵大树，飘落的树叶有的在地上，就像铺了金黄色的地毯，有的在空中，就像蝴蝶一样，树下还有游戏的小人儿，整幅画看起来很生动。

张老师正要转身到下一个小桌，却看到了下面一幕：坐在对面的俏俏一把夺过糖糖的画，用黑色的画笔在上面使劲划了几道之后，又将画送回了糖糖面前。俏俏自顾自地说了一句："怎么样，这回还好看吗？"糖糖看着因抢夺而变形的画，又看看画面上的几道黑色划痕，伤心地哭起来。

无奈之下，张老师将俏俏带到办公室，想好好和她谈一谈，可是张老师还没开口，俏俏就委屈地大哭起来："你平时不是总表扬我画得好吗？"

为什么俏俏会有这样负面的表现呢？从老师那儿我们得知，俏俏是家中的独女，长相甜美，一直被爸爸妈妈奉为掌上明珠，以至于在她内心形成了某种心理暗示——"我才是全世界最棒的"，所以这场闹剧的原因也就不难解释了，受惯表扬的俏俏怎么能允许别人超过自己呢？俏俏之所以出现上面的破坏行为其实是妒忌情绪在作祟。

在心理学上，妒忌情绪是指当个体在主动或被动与旁人发生比较时，发现自己在某方面不如别人而产生的一种由羞愧、愤怒、怨恨等情绪组成的复杂心理状态。一旦个体产生妒忌情绪，他的内心首先会感受到一种因攀比而导致的失落感和压力感，继而产生由羞愧到屈辱的挫折感，最后这种不服、不满的复杂情绪将转变成怨恨，并被诉诸破坏行为发泄出来。

很多父母都会感到疑惑，孩子这么小，这么单纯，怎么会有妒

忌情绪呢？还有一些父母则会认为，孩子还小，有些妒忌心也无伤大雅，长大以后自然就好了。

其实都不对，心理学研究表明，16 ~ 18 个月的婴儿已经开始表现出原始的妒忌情绪了。最常见的例子，当妈妈抱其他宝宝时，孩子就会以哭闹的形式让妈妈来抱自己。当孩子到 2 ~ 3 岁时，妒忌情绪已经表现得较为明显和复杂了。

由此可见，人天生就有妒忌情绪，而且如果引导不当，随着年龄的增长，妒忌情绪也会越来越频繁，情绪所催生的负面行为也会越来越强烈。经常伴随有妒忌情绪的孩子，他们的内心也会越来越消极，并且容易产生一些破坏性行为。

作为父母，我们都希望孩子能够拥有一颗乐观并且积极向上的心，那么在日常家庭教养过程中，哪些行为会在不经意间助长孩子的妒忌情绪呢？

一味骄纵导致的心理落差

对于现在的孩子而言，用生活在蜜罐里来形容真的是一点也不夸张。对于孩子，父母往往有求必应。加之整个社会都在提倡鼓励教育，所以无论是老师还是家长，大家似乎都忘记了该如何开口批评孩子，家长越来越擅长捕捉孩子的"闪光点"，有时候哪怕是孩子做了一件小事，家长也会就此不断夸奖。

但这样做其实并不完全正确，大部分父母都错误地认为这样可以帮助孩子建立自信，然而一旦当孩子走出家庭这个小圈子，走进班级，走进学校，走进社会这些大圈子，当他们跳出井底，当他们发现"原来我的裙子不是世界上最漂亮的""原来我不是世界上最棒的"之后，就会产生心理落差，此时便很容易产生妒忌心理。

错误的激励方式

错误的激励方式也会让孩子陷入妒忌的泥沼。在日常生活中，我们会尝试以各种各样的方式让孩子按照我们的想法来做事，下面分享两种较为常见的错误激励方式。

1. 故意让孩子"吃醋"

在养育孩子的过程中，让孩子"吃醋"的策略很多父母都感觉屡试不爽。比如"这恐龙你若不要，那我送给小弟弟了啊""你吃不吃饭，你不吃的话我把这鱼送去给隔壁的冉冉了，他最喜欢吃鱼了"。

结果我们发现，孩子的确把扔在地上的玩具捡起来了，也确实开始好好吃鱼了，但家长们没有看到的是，在孩子心中，他们对那个陌生的弟弟和隔壁的冉冉也种下了妒忌的种子。所以从长远来看，以这样的方式来"激励"是得不偿失的。

2. 什么都要比一比

还有一种错误的激励方式就是"比"，这也是父母们在不经意间常犯的错误。比如"你们班的铭铭怎么就可以做到连续跳绳，还跳那么多个，你怎么连一个都跳不了呢？抓紧练习！"我们可以鼓励，但这样的"对比"明显会伤害孩子的自尊心和自信心，长此以往，会让孩子形成处处与他人比较的潜意识，而这种潜意识有可能会引起或加重孩子的妒忌情绪。

综上所述，希望家长朋友们能在养育子女的过程中自查存在的雷区，尽量运用积极的、正面的教养方式养育孩子，以期在最大程度上弱化孩子不良情绪的发展，培养孩子健康、阳光的性格。

引导孩子认识、化解妒忌情绪

前面我们已经讲到，妒忌情绪是从婴儿时期就已经伴随我们的一种复杂的负面情绪。作为成年人，我们都或多或少体验过那种因为妒忌别人而带来的不安。于孩子而言，当妒忌情绪来袭时，他们感受到的不安并不会比我们少。

想要从根本上弱化妒忌情绪的不良影响，我们首先应该回到源头，彻底剖析一下人为什么会妒忌。

去年你的年终奖金是 2 万元，而和你做同一种工作的同事的表姐的闺蜜的姨妈的邻居的干儿子去年拿到了 20 万的年终奖金，你会因此感到不舒服吗？

去年你的年终奖金是 2 万元，而和你做同一种工作的同事的年终奖金是 20 万元，你会感到不舒服吗？

上面的问题并非故意调侃，妒忌情绪的原理便隐藏其中。通过这两个问题可以发现，我们只会妒忌身边与我们有关系的人，而不会去妒忌那些八竿子打不着的人。一家奶茶店的经营者不会妒忌星巴克的市值，但会妒忌他旁边奶茶店的顾客比自己多。

所以，妒忌的根源是什么呢？就是我们与他人没有实现完全的"心理切割"。在我们的潜意识中，我们与他人是一体的，这种潜意识源自集体生活。在一般情况下，它带给我们的是安全感，然而，其负面作用则是会让我们产生妒忌。

试想一下，你大学同学创业成功，与你现在拿着 5 000 元一个月的薪水，这两件事本身有什么联系吗？并没有！但因为你没有完成与大学同学的"心理切割"，所以在你的潜意识里，他的成功就反衬了你的失败，于是妒忌情绪产生了。

再让我们回到孩子的教育上。作为一个心理还在发育的孩子，他本身就存在着与父母、亲戚和同学的心理联系，再加上长期处于集体生活中，就更让孩子没有办法实现"心理切割"，所以孩子自然会有妒忌情绪。

有妒忌情绪不要紧，关键在于如何疏解孩子的妒忌情绪，让他不要做出过于极端的破坏行为，并最大限度地让妒忌情绪发挥积极作用。

首先，父母要懂得如何识别孩子的妒忌情绪。妒忌情绪一般来说具有以下几个特点：

1. 外露性。孩子不会像成年人一样极力地去掩饰自己的妒忌心理，孩子是天真直率的，他们甚至还不清楚这种让自己苦恼的情绪到底是什么，更无法明确它是好的还是坏的，所以很多时候，当孩子因妒忌而深感不安时，他们会较为直观地将这种情绪毫无保留地发泄出来，并很少考虑会有什么样的后果。也正是由于这一特点的存在，老师和父母可以很快识别出孩子的妒忌心理，并及时有针对性地对其进行干预和引导。

2. 攻击性。孩子尚不明确什么是妒忌，他们只是感觉到内心的不安、愤怒和羞愧，所以当语言无法让他们说出心中这种五味杂陈

的感觉时，他们很有可能会将锋芒指向给予自己这种情绪的对象，并表现出直接的攻击行为。比如，当人们都夸乐乐聪明又懂事时，旁边的琦琦会忽然推他一把，将他惹哭。除了攻击人以外，他们还会破坏一些引起妒忌的物品或作品，比如开篇时提到的，俏俏破坏了糖糖的画作。他们会通过攻击性行为来发泄心中的不安和不满。

3. 主观性。孩子常表现出以自我为中心的特点，他们认识事物或做某件事时常以是否符合自己的意愿为标准，带有强烈的主观色彩。当自己的意愿或需求被忽视或不被满足时，他们跟容易发怒或者哭泣。比如，当一个孩子全神贯注地玩自己心爱的小汽车时，如果妈妈让他和客人打招呼，他会选择听不到，当强行被中断时，他会感觉"不爽"，并坚持不问好。这并不能说明孩子不懂礼貌，而是因为他们基本不会考虑行为后果，更不会在意周围人的看法和感受。同样的道理，如果一个孩子发现别人比自己做得好或者拥有自己所不具备的优势条件时，他们就会因为自己的意愿得不到满足而产生妒忌情绪。

在日常生活中，虽然孩子的妒忌范围较广，可能小到一袋吃不到的零食，大到得不到的表扬，表现形式也各不相同，比如他们可能会哭闹、反叛，甚至表现出攻击破坏行为，但鉴于以上三个特点的存在，孩子是否存在妒忌情绪，作为父母在日常生活中还是可以较为明确地判断出来的。

其次，在意识到孩子的妒忌情绪越来越强烈之后，父母要引导孩子认识妒忌是怎么一回事。

就像愤怒情绪一样，妒忌情绪也可以通过语言表达出来。家长要在了解妒忌情绪的相关知识之后，对孩子进行持续的有关妒忌情绪的普及，让孩子了解到自己内心的某些奇怪的感受是因为妒忌。而当一次妒忌情绪出现时，让孩子尽量能够用语言表达出来，比如"我是在妒忌某某"，只要能够辅助孩子走到这一步，妒忌情绪的破坏性在很大程度上就已经被疏解了。

再次，化妒忌心为进取心。

妒忌与羡慕非常相似，二者都源于个体的好胜心，但不同的是妒忌的主体会产生限制或企图限制对方超越自己的欲望，并诉诸错误的行为方式；羡慕的主体会产生被对方带动变强的欲望，并诉诸正确的行为方式。

所以要让孩子懂得在羡慕的前提下欣赏他人，在孩子理解能力范围内，告诉他人都有各自的长处和短处，引导孩子既要努力发挥自己的优势，同时也要对别人取得的成绩予以肯定。最好的方式是与他人分工合作，共同取得某项成绩。当这种经历变得越来越多时，孩子的进取心也会随之变得越来越强。

最后，引导孩子建立自我意识。

自我意识强烈的人，一般不会爆发严重的妒忌情绪，原因就是他们潜意识里知道"我是我，我不是别人"。那么，怎样建立孩子的自我意识呢？这个话题说起来很抽象，但做法却非常明确，在教育孩子的过程中，如果家长朋友能够持续做好以下几点，那么孩子的自我意识会不断增强，妒忌情绪也会越来越少。

1. 习惯性地称呼孩子的名字，尤其是在公开场合，尽量称呼孩子的全名；

2. 尊重孩子的隐私和物权，对孩子的空间和物品不要侵犯，例如不要随意把孩子的玩具拿给其他人玩，对孩子空间和物品的处置要征求孩子的意见；

3. 批评和夸奖孩子都只针对他的某些行为，而不要上升到人格；

4. 教育孩子学会索取和给予的语言，例如"我可以玩你的玩具吗？""你的脚踏车可以借给我骑吗？""我把这块橡皮送给你了！""我的玩具可以借给你！"

总而言之，对于孩子时而出现的妒忌情绪，家长朋友要视其为一种正常现象。试想，作为大人的你还经常会妒忌身边的朋友同事，你又怎么能强迫孩子不妒忌呢？只要注意孩子的妒忌情绪是可控的、没有破坏性的，并适当将这种情绪引导为上进心，就可以变"坏事"为好事，这样孩子也能够更加健康地成长。

多合作、多参与、多陪伴解决二胎妒忌问题

对于 5 岁的花花来说，因为弟弟的到来，最近家中所有的事情都变得和以前不一样了。从妈妈抱着这个爱哭闹的婴儿从医院回到家中的那一刻起，所有的人都告诉花花，她现在已经是个大姐姐了。

但显然这个仅 5 岁的"大姐姐"对自己的新身份还没有做好准备。亲戚朋友来到家中都会去逗新宝宝，而完全忽视花花的存在，那些玩具和新衣服也都归新宝宝所有。更令人气愤的是，爸爸妈妈的眼睛好像长在了这个"麻烦人物"身上，他们晚上不睡觉都要陪着这个闹人的宝宝，并且在宝宝睡觉的时候，她被要求安静。不仅如此，他们挨着他睡觉，抱着他轻摇，他们被这个小宝宝弄得筋疲力尽，再也没有多余的时间陪花花玩以前爱玩的游戏。

于是，花花的情绪开始变得不稳定，容易发怒。看到宝宝喝奶，她也会哼唧着要奶喝。事实上，花花从小就不喜欢喝奶粉。不仅如此，短短一个月的时间，她"失去"了所有技能，大小事情都需要爸爸妈妈帮忙。而对于这个初来乍到和自己"争宠"的弟弟，花花也表现出了十足的不友好，两个孩子同时大哭的情况时有发生，让爸爸妈妈头疼不已。

二孩政策开放以来，很多家庭也都迎来了属于他们的"二孩时代"，但对于已经有了一个孩子的家庭而言，情况远比想象的更为复杂。

在这类家庭中，大多数孩子已经习惯了作为家庭焦点，伴随着一个新成员的到来，他们的表现通常有两种，对于大多孩子而言，他们表面上波澜不惊，也可以言不由衷地说着"爱弟弟（或妹妹）"的话语，他们愿意帮助照顾小宝宝，比如帮忙拿尿布、拿奶瓶、盖被子等，也能够表达出想要抱抱弟弟（或妹妹）的意愿；也有少数孩子会表现出明显的抗拒，对于自己"被赶下王位"的事实大为恼火，有时甚至会将这恼火转移到无辜的新成员身上，很明显他们对这个"来路不明的家伙"怀有敌意。

然而无论哪种情况，孩子内心深处的妒忌情绪都在蔓延，或许他们还说不出这种感受的名称，也无法理解这种感受的存在，但它却实实在在影响着孩子的心理和行为。而这种情绪的产生恰恰源于父母的不当行为。下面通过一个小案例来看一下聪明的妈妈是怎么做的。

弟弟1岁半，哥哥4岁。一天晚上，兄弟俩在客厅玩耍，哥哥拿起一个蓝色皮球，弟弟也要拿，妈妈给他拿了另一个红色皮球，弟弟显然不买账，非要哥哥手里的，可是哥哥义正词严："这是我先拿到的，要排队玩儿。"显然不想让步。

这时候，父母们一般会有两种做法，一是说服哥哥，比如"你是哥哥，他小，你让着他点"；二是冷落哥哥，将弟弟抱走，比如，在弟弟得不到球，一味哭闹时，有的妈妈为了转移孩子注意力，就会将孩子抱走，陪他玩其他玩具，留哥哥一个人在原地。但无论哪种做法，对于哥哥的内心来讲都是难以接受的。他们会感到自己没有被尊重，被忽视了。

作为聪明的妈妈，你可以这样做。首先提议："我们来玩一个运球游戏好不好，这个游戏和一般运球游戏可不一样，我们需要两位队员相互配合，用头抵着球运到指定位置。谁想参加？"没有一个孩子能抗拒游戏的诱惑力。哥哥高举着手说："我要！我要！""但是我想你需要找一个搭档来配合你传球。"妈妈建议道，"我觉得弟弟是个不错的人选，但是他还小，我想或许你可以帮助他。"于是，妈妈看到，哥哥将头放在弟弟脑门上，然后用自己的脑门贴上去，固定住球，又用双手扶着弟弟的肩膀，一点一点慢慢地将球运送到了指定的筐内。成功之后，两人都开心得不得了，又接连尝试运送了大大小小的所有家里能够找到的球。

那么现在反观花花父母的行为，我们会觉得即使是世界上最

宽容的姐姐，也会将弟弟看作是不受欢迎的入侵者。由此可见，当二孩成为我们的家庭成员时，我们很容易因种种有意或无意的原因而忽视老大，甚至忽视他们那种由"万众瞩目"到"被赶下王位"的心情。那么对于即将迎来新成员的家庭，父母应该怎么做才能让孩子与我们的情感联结不被中断，才能让孩子在家庭中找到归属感呢？

一、和孩子聊聊他们的婴儿时期

在新生儿到来之前，父母可以和孩子聊一聊尚在妈妈肚中的这个小生命，告诉孩子这个宝宝即将到来的时间，并告诉他新宝宝的生活会是怎样的。然后顺势告诉孩子，当他还是一个宝宝的时候，家人是怎样为他布置房间、小床，准备小衣服、小被子的，并告诉他，那时候大家都很喜欢他，还给他准备了很多有趣的玩具和图书等。建议妈妈拿出孩子婴儿时期的相册，尽可能帮助孩子了解一个婴儿的生活可能是什么样的。

二、参与得越多，感受到的失落就会越少

尽可能地让孩子参与到为迎接新生儿到来的准备中，比如布置房间，置办玩具等，父母们还可以让孩子提一些建议，比如床单或窗帘可以选什么颜色。当新宝宝到来之后，也可以让孩子参与到照顾新生儿的环节中，比如给宝宝唱个歌，或者帮助拿尿片等。要记住，参与感越强，失落感就会越低，孩子对自我技能的肯定及对家庭的贡献，能在很大程度上帮助他们获得价值感和归属感。

三、一定给孩子留出"一对一"的时光

新成员的到来总会伴随着惊喜和挑战，无论我们有多么焦头烂额，记得留一些特殊时光给大宝，我们称之为"一对一"时光，这段时间或许不用太长，但有其存在的必要。或许可以尝试读一本故事书，或者听孩子分享学校中发生的事情，这里强调是一对一时光，最好不要被工作、朋友或其他家庭琐事打扰，必要的时候，我们可以请其他家庭成员暂时照看新宝宝。

二孩家庭不同于独生子女家庭，父母和孩子之间的关系有时候是很微妙的，处理得好，两个孩子会相亲相爱并且敬爱父母，处理不好，则可能给两个孩子以后的成长埋下心理阴影，而这种阴影很大程度上来自孩子的妒忌情绪。

引导孩子将妒忌情绪转化为进取心

孩子在与他人比较中处于弱势地位，或者在竞争中遭遇失败，这些情况都容易引发孩子的妒忌情绪。前面我们提到，家长可以引导孩子将妒忌情绪向进取心转化，那么具体如何来做呢？

首先，让孩子学会接受失败。

好胜心强的孩子更容易产生妒忌情绪，他们往往背负着过高的心理预期，他们常常错误地认为只有表现最好或获得第一名才能证明自己是有用的，才会获得爸爸妈妈的认可和爱。但如果孩子总是处在这样的潜意识之下，毫无疑问会背负较大的心理压力，所以，家长首先要让孩子学会接受失败。

失败是一件非常普通的事情，每一个人的成长都是从失败走向

成功的过程。家长可以用孩子小时候学走路、学单车的经历与孩子进行交流，让孩子看看自己在一开始尝试的时候经历了多少失败。

孩子如果能够接受失败，那么相对来说，他们也会更愿意在失败之后继续努力尝试。心怀妒忌情绪的孩子，他们最大的问题就是拒绝承认、拒绝努力，他们能够看到别人的强大却不愿意尝试着让自己也变强。

其次，弱化对结果的关注，引导孩子注重过程。

在日常生活中，还有一些孩子出于虚荣心的原因，他们很享受作为强者时被"众星捧月"的感受，因此会格外关注成为强者这个结果，至于如何成为强者这一过程他们并不关心。所以，忌妒的孩子看到的永远是"某某考了高分被夸奖"，心里想的永远是"这有什么了不起的，肯定是老师对他偏心"等，这种结果导向让孩子不愿意正视他人的努力。

为了解决这一问题，家长可以带孩子做一些有过程而不一定有结果的事情，例如钓鱼。

家长可以带孩子认识渔具，选配渔具，然后一起准备钓具、搅拌鱼饵。钓鱼的时候给孩子一套他自己的渔具，一边教他钓鱼，一边给他讲各种鱼类的知识，等到一天的钓鱼活动结束之后，让孩子看一看自己的渔获，然后将所有的鱼儿放生。

在这个过程中，孩子做了很多很多事情，也有很多的收获，但唯独最后的渔获却并未能让孩子满意。这样的事情多进行一些，孩子慢慢就会懂得，相对于结果，过程也是非常重要的，过程中也充满着各种各样的乐趣，甚至因为过程的有趣结果都会变得不那么重要。

最后，让孩子体验由失败到成功的过程。

当孩子能够接受失败，且仍然愿意为过程而努力时，孩子便可以体会到过程中一次次小的收获和成功了。这样，孩子的意识就会慢慢巩固，过程中的努力是应该的，失败的结果也是可以接受的，成功的结果则是值得骄傲但绝不值得高傲的。

需要注意的是，在日常生活中，父母可以和孩子一起游戏，在此过程中让孩子感受竞争的环境，但不可一味故意输给孩子，有时不妨适当地让孩子尝试输的滋味，感受竞争的压力，这样不仅可以提升孩子的适应能力和抗挫折能力，而且还能培养孩子积极向上的进取心。

简单来说，孩子之所以会妒忌很大程度上是觉得别人强、自己弱，潜意识里认为别人的强大是对自己的攻击。因此，家长如果能够让孩子的思维路径变成：别人强——别人是怎么变强的——我也要这样变强，你就会发现孩子的妒忌情绪慢慢消失了，之后孩子也会变得越来越自强，越来越不会被困难所吓倒。

第五章 恐惧：

因为孩子对害怕的事情无能为力

关于恐惧情绪，你可能存在的教养误区

　　妈妈带 4 岁的小鱼儿到游乐场玩，游乐场有一个"喂小兔子"的项目，妈妈觉得可以让小鱼儿亲近一下小动物，顺便培养一下孩子的爱心。于是在没有征得小鱼儿同意的情况下，买了胡萝卜，带着小鱼儿进了喂食场地。

　　看到胡萝卜，六七只小兔子蹦蹦跳跳地朝小鱼儿"袭"来，本来就有点害怕的小鱼儿被小兔子追着，一边躲闪一边跑。妈妈说："没事的，它们不会咬人的！"小鱼儿一边喂一边退，小兔子也是"步步紧逼"，最终小鱼儿大哭起来："我不要喂小兔子！"

　　妈妈觉得很扫兴，脱口而出："一个男孩子怎么这么胆小啊！都说了它们不会咬你的！"但是，妈妈却忘记了小鱼儿曾被兔子咬

伤过手指这件事，所以才对看似可爱的小白兔心存恐惧。

对于孩子"莫名其妙"的胆小恐惧，很多父母都深有体会。

事实上，恐惧情绪并不是人类特有的，而是伴随着物种进化而来的，所以从某种程度来讲，恐惧情绪的存在是自然选择的结果。就人类而言，在认知受限的远古时代，我们的祖先曾面临过各种各样的危险，恐惧的情绪能够让他们更好地集中注意力，做好有效预防和应对，所以人类才得以繁衍至今，由此可见，恐惧有时甚至还能帮助我们规避风险。

了解了这一点之后，我们便应该理解，孩子的恐惧其实是一种自我保护，所以我们在面对孩子的恐惧情绪时更应该转变传统思维，想办法弄清楚孩子到底为什么恐惧。不要不明就里地对孩子进行一通教育，或者急于给孩子贴上"胆小鬼""不勇敢"的标签，这样做对孩子有百害而无一利。拿小鱼儿的例子来说，其实是妈妈自己忘记了小鱼儿曾不小心被兔子咬到过手指，并非孩子天生胆小怕兔子。

由此可见，恐惧情绪的存在一定是有原因的，当孩子们在无意中经历过某种危险时，这些危险的信号就被悄无声息地保存在了他们的潜意识里。这些危险信号可能来源于他们自己的经验，比如被小狗追过；也可能源于他人的经验，比如老人们在带孩子时，为了让孩子在自己视线范围内活动，总会说"别跑远了，当心大灰狼把你叼走"……

关于恐惧情绪的解决，我们随后再讲，这里我们先来讨论一下，我们在陪伴孩子成长过程中，有哪些行为加重了孩子的恐惧。

一、"吓唬"

相信很多人都有过"吓唬"孩子的经历，为什么要吓唬孩子呢？其实是一种教育惯性。一方面我们对这种方式太过熟悉了，因为身为父母的我们多半也是被"吓大"的，类似于"不睡觉就会被坏人抓走""再不听话妈妈就不要你了"等，这些话对我们来说是那么熟悉；另一方面吓唬真的"管用"，很多孩子被吓唬之后，真的会"听话"。

但实际上，这并不意味着"吓唬"本身是高明的教养方法，因为孩子不过是屈从于自己内心的恐惧罢了。只能说吓唬一时爽，一直吓唬则后果不敢想。

不听话警察叔叔就把你抓走。

假设我们只能用一些"可怕的形象"才能让孩子听话，那么长此以往，会直接导致孩子安全感的缺乏，他们会对自己生活的环境、接触的事物都怀有不同程度的恐惧感，这无疑会给孩子幼小的心灵蒙上恐惧的阴影。

二、催促和强迫

晴晴妈妈有这样的感受，很多小朋友在 2 岁的时候就已经能自己玩滑梯了，而晴晴都已经三岁半了，还是不敢从滑梯上滑下来，每次看着晴晴只远远站在一边看小朋友玩滑梯，妈妈只能干着急。

有一次，她干脆直接将她放在了滑梯上端，想让孩子试试。可是晴晴心里害怕，又没有经验，到了末端不知如何停止，反而一屁股坐到了地上，害怕加上疼痛让晴晴大哭起来，妈妈也意识到弄巧成拙了。

晴晴对新事物比较敏感，恐惧情绪使她在面临未知时能够采取更加谨慎的方式。对这类孩子而言，他们在采取行动前需要花更多的时间来观察和审视。作为父母切不可急功近利，对孩子应该多一些耐心和宽容，应该尽量让他们按照自己的成长节奏一步步建立安全感。

三、过度保护

对孩子的过度保护往往会造成孩子胆小的性格，长此以往，孩子在面对困难和挑战时，首先想到的就是依赖父母，而不是自己解决。这是因为我们剥夺了孩子体验的权利，也没有给他们锻炼自己

的机会，所以尽管他们的年龄在增长，解决问题的能力却停滞不前。而对于具体事物的恐惧程度与孩子解决问题的能力密切相关。

几乎所有的幼儿都会出现不同程度的恐惧情绪，胆小害怕在儿童成长过程中是一种非常普遍的情绪体验，并且绝大多数孩子都能自然地摆脱恐惧并长大成人。所以当我们看到孩子面对一件事物或现象表现出害怕情绪时，应该报以宽容和耐心，而不是生气或嘲笑。

事实上，恐惧有利于孩子以更安全、更慎重和更有益的方式与外界建立联系。我们的愤怒和嘲笑会让孩子无所适从，长此以往，孩子压抑在心中的恐惧得不到释放，他们受到的伤害会更大。

还有一点需要特别提醒大家，在传统观念中，"胆小"常被认为是某种带有贬义色彩的特质，尤其是对于男孩子来讲，大人们理所当然地认为男孩子就应该比女孩子胆子大，但事实上，并没有什么证据可以表明男孩就应该胆子大。所以如果你在教育儿子的时候发现他有强烈的恐惧情绪，不要下意识地觉得他不够"爷们儿"，他不像男子汉，要知道，这样做对于解决孩子的恐惧问题并没有任何好处。

明确孩子在恐惧什么，并给予积极回应

有的家长会将恐惧和害怕联系在一起，认为孩子的恐惧情绪本质就是害怕，这其实是不对的。从心理学角度讲，恐惧是一种由害怕引起的惊悚的状态，带有因无法解决害怕问题而产生的焦虑、逃避、攻击、自我怀疑等伴生情绪或行为。

通俗讲，恐惧其实就是对于害怕的事情无能为力。举个例子，我们大多数人都害怕与他人发生冲突，但我们会因此恐惧和别人交往吗？相信大多数人不会，这是因为即便发生冲突，我们也知道该如何解决。

但孩子不一样，处于成长阶段的孩子，他们的认知发展尚不完善，但想象力却异常丰富。当发现看到的、想到的超出自己的认知

理解范围后，他们就会出现强烈的恐惧情绪，因为那是他们暂时无力应对的，恐惧情绪是他们发自内心的一种自我意识。

研究表明，不同年龄段的孩子有着不同的恐惧对象。3 岁之前的孩子可能更多地害怕以物理和物质等外在环境为主的自然现象，而对于 3 岁之后的孩子，他们的恐惧对象则会渐渐倾向于个体想象、社会交往等方向。比如：几个月的婴儿常会因为突然的巨大声响而受惊；而四五岁的孩子则更恐惧独处。

但我们发现，有些恐惧情绪随着孩子年龄的增长并没有呈现出消退的迹象，比如上小学的孩子新增了心理上的恐惧，但之前的物质恐惧情绪也还依然存在。面对这种问题，家长要反思一下自己，当孩子对一件事物表现出恐惧时，我们是否做到了正确的引导。

事实证明，大多数父母在面对孩子的恐惧问题时，大脑第一反应就是希望孩子能够克服恐惧情绪，为此我们说了很多看似鼓励的话，但在孩子看来，这种"帮助"和"支持"却并不是他们内心需要的。

4 岁的萌萌非常害怕小狗，当小狗路过她身边或走近她时，她就会躲闪甚至哭喊起来，有时甚至会把路过的小狗都吓一跳，萌萌的妈妈为此十分苦恼，每当这时候她都会告诉萌萌："你应该勇敢一点，小狗没有什么可怕的！"其实，这句话妈妈已经说过无数遍，但萌萌怕小狗的现象已经从会走路开始一直持续到了现在。

5 岁的乐乐表情紧张地跟妈妈说："我不要在这里睡觉，床下

有一个绿色的妖怪！"最近一段时间乐乐多次说过这样的话，开始的时候，妈妈会感到好笑，认为这是乐乐在为不想分床睡而找的借口，她试图告诉乐乐这个世界上根本没有什么怪兽。但几次"较量"之后，妈妈显得有些不耐烦："我跟你说过很多次了，这里根本没有什么怪兽，你就是自己吓自己。"

每一个令人恐惧的事物和瞬间都是值得被理解的，因为对孩子们来说，他们恐惧的情绪是真实存在且非常严重的。

然而我们的问题是，很多时候因为自己丧失了耐心，常常会认为孩子害怕某样东西一点道理都没有，成人思维习惯性地告诉我们"这根本没有什么可怕的"，但对于我们司空见惯并习以为常的事，

在孩子看来却有着很多的未知，那是成人思维所不能理解的。所以当孩子向我们诉说他们的恐惧时，我们首先应该认可他们的感受。

萌萌的妈妈或许可以试着这样做，首先告诉孩子："妈妈知道你很害怕这个毛茸茸的小东西，因为……"

而对于乐乐妈妈来说，试图用语言让孩子明确某种事物是不存在的，往往会令人感到力不从心，所以不妨试着告诉孩子："妈妈小时候和你一样，也会有这样的感觉，因为……"

当然，了解孩子恐惧的对象还不足以让孩子彻底告别恐惧情绪，那么家长应该怎么做呢？

首先，增强孩子的能力，让孩子看到他可以战胜害怕的对象。如果孩子在短时间内无法具备这样的能力，那么可以带孩子进行一些身体方面的锻炼。就像我们之前讲过的那样，健康的体魄和充沛的精力，本身就可以给人一种充实的感觉，这一点对于成年人和孩子都是一样的。

其次，解析孩子恐惧的对象，让孩子看到它没有什么可怕的。小说《哈利·波特》有一个情节，卢平教授教导同学们战胜"博格特"，方法就是将心中最害怕的东西想象成最可笑的东西，让二者结合在一起。例如孩子怕狗，就可以带孩子看一些狗被捉弄得很惨的迪士尼动画……

除此之外，还可以通过心理寄托的方式帮孩子疏解恐惧情绪。例如让孩子挑选一件他认为较为"强大"的玩具作为卫兵来守护小床的安全等。

当孩子将内心的恐惧告诉我们时，作为父母，不要一味地去纠结让孩子产生恐惧的事物本身到底是否存在、可怕与否，与纠正孩子的认识相比，我们更应该做的是认可他们的感受，并想出相应的对策来引导孩子走出恐惧。

系统脱敏法，循序渐进帮孩子摆脱恐惧情绪

　　乔伊的妈妈在外企工作，爸爸是工程师，乔伊2岁半的时候，妈妈所在的公司为培养优秀人才向总部申请了两个出国学习交流的名额，乔伊妈妈就是其中一个。虽然放心不下孩子，但出国学习的机会难得，乔伊妈妈和爸爸只好商量着将乔伊送到奶奶家一段时间。

　　6个月后，乔伊妈妈学习任务完成，将乔伊接回了家，可是她发现孩子变得和之前不一样了。周末带她出门，只要有小朋友靠近想要和她一起玩，她就会表现出抗拒情绪，开始是躲避，有时还会哭闹着要回家。更多时候，她宁愿待在家里，自己画画、看电视、在玩具区玩积木等玩具。

　　乔伊妈妈试着问乔伊在奶奶家过得怎么样，通过了解妈妈得知，

痴迷象棋的爷爷总是带着乔伊到家附近的公园下象棋，乔伊就坐在旁边看蚂蚁。而奶奶呢？除了带着乔伊逛菜市场，就是在家打扫卫生和做饭，乔伊很少有机会和小朋友一起玩。不仅如此，乔伊自己玩的时候，还会有淘气的男孩子过来抢她手里的玩具或者冲她做鬼脸。乔伊妈妈恍然大悟。

乔伊之所以回避陌生小朋友，喜欢独处不喜欢与人交往，是因为在 2 岁半到 3 岁这一时间段，一方面她缺乏与同龄儿童交往的机会，导致暂时性的社交能力不足；另一方面，她还曾受到过同龄人"不友好"的对待，且由此产生的负面情绪并未得到及时疏导，所有这一切导致孩子对尚未发展的社交产生了抵触情绪。

所以，我们会看到现在的乔伊在面对同龄人时会不自觉地陷入一种紧张不安的心理状态，进而对社会交往活动产生恐惧情绪。

有一些心理学家将由某件事或某物引起的人的恐惧情绪称为"过敏反应"，将引起过敏反应的事或物看作过敏源，也就是刺激物。而系统脱敏法是一种适用于消除紧张、不安、恐惧情绪的心理治疗方法。

心理学家认为，通过一系列的步骤，将引起患者恐惧情绪的刺激物循序渐进地呈现给患者，当其感到焦虑不安时，使其放松，然后再继续呈现刺激物。在这一循环往复的过程中逐渐提升患者对刺激物的适应性，增强其心理承受能力，最终克服对刺激物的恐惧，我们将其称之为脱敏。

系统脱敏法对于家长们来讲可能并不陌生。比如，当孩子因为第一次玩滑梯而对其产生抗拒时，有的父母会抱着孩子一起体验从滑梯上滑下来的感觉，直到孩子接受它。这就是一次简单的"脱敏治疗"。对于孩子来说，系统脱敏法能够很好地帮助他们从对某件事或某种物体的紧张、焦虑、恐惧情绪中走出来，并重新接受之前令他们感到恐惧的事情。

　　但对于发生在乔伊身上的状况，或者很多像乔伊一样情况比较复杂的"过敏事件"来说，并不是一次简单的脱敏治疗就能解决问题的，这将意味着更加系统的步骤、更多的次数和更长的时间。那么在系统脱敏法实施过程中，有哪些是需要加以注意的呢？

　　一、寻找"过敏源"

　　系统脱敏法的第一步就是找到过敏源，也就是过敏的事或物。幼年的孩子已经具备了一定的语言表达能力，对于他们来说，表达出自己害怕的事物应该并不是难事，所以家长不妨在轻松的环境下和孩子好好聊聊，仔细甄别出过敏源，才好对"症"下药，才更能从根本上消除孩子的恐惧情绪。

　　二、在孩子身心愉悦的前提下进行"脱敏"

　　如果说寻找过敏源是进行系统脱敏疗法的前提的话，那么使孩子身心感到放松就是脱敏顺利进行的保证。系统脱敏法，又称交互抑制法，这是因为它本身就是在利用个体的积极情绪对抗消极情绪的一个过程，所以在进行脱敏治疗时，个体身心轻松、愉悦是一个非常重要的因素。

三、脱敏疗法需循序渐进

循序渐进原则是系统脱敏法中最为重要的一个原则，主要从两方面理解，一方面，刺激物的呈现要循序渐进，每一层次刺激的最佳程度以既要使孩子感受到紧张不安，又要使其能够克服它们为佳。

以乔伊为例，在系统脱敏疗法之初，乔伊的妈妈可以选择带她远远地观看其他小朋友玩耍的场面。当远距离观看时，她或许不会表现得那么抗拒，如果她仍表现出强烈的反抗情绪，那么不妨将距离再拉大一点。之后，可以慢慢拉近距离，然后在妈妈的陪同下在旁边观看，在妈妈的陪伴下和小朋友说说话，在妈妈的陪伴下和小朋友一起玩，妈妈站在远处看她和小朋友一起玩。当发生矛盾时，妈妈应确保第一时间出现并引导其化解矛盾。整个过程可以被划分为几个步骤，每个步骤向下级过渡需要多长时间，要根据孩子的接受程度和情绪反应状况来确定。

另一方面，如你所见，系统脱敏疗法可能会花费很长时间，这需要父母们付出相应的智慧和耐心。所以作为家长，在心态上要遵循循序渐进的原则，无论是贪功冒进，还是半途而废，都是不明智的做法。贪功冒进者，多以锻炼孩子胆量为由，看到孩子在刺激物面前反应激烈也不为所动，事实上，这样于孩子身心健康成长是非常有害的。半途而废者就不必多说了，行百里者半九十，系统脱敏疗法以孩子能够与刺激物和平共处为最终宗旨，而半途而废只能让孩子回到起点。

与其告诉孩子噩梦是假的，不如引导孩子多去认识世界

一位妈妈这样倾诉：

我女儿今年 5 岁，她现在非常喜欢看宫崎骏的《千与千寻》，但实际上，就在一年前她还很抗拒这部电影，尤其是电影演到夜幕降临，各方神明从四面八方"游走"向汤屋，千寻发现爸爸妈妈因为贪吃变成猪的时候，她就会喊叫着"不要看了，不要看这个"。然后我会告诉她，那些都不是真的，不会有谁会因为贪吃真的变成猪。"可是，他们就是变成猪了啊！"她仰着小脸，一本正经地说，"我刚刚亲眼看到了！"

相信很多父母都有过这样的感受，哪怕我们舌灿莲花也很难让孩子相信他们认为的或者看到的事情是假的。这是因为在幼儿阶段，孩子还很难区分真实和幻想，他们对于真实的定义不同于成人。

类似的困惑还发生在孩子做噩梦的时候。电影令人感到恐惧，我们可以选择停止，或者换一个类型的电影，但做梦显然没有那么简单。处于睡眠状态，我们无法预知孩子哪天会做什么类型的梦，有时候甚至无法判定梦的内容，只有当孩子被"噩梦"惊醒时，我们才会意识到刚刚在他们的小脑袋中可能发生了些不愉快的事情。

那么，在孩子们的梦中究竟出现了什么"可怕"的东西呢？相

关实验研究表明，孩子的梦境其实挺无聊的，他们的梦境似乎并不像成年人所谓的噩梦一样拥有起伏跌宕的情节，顶多是一个小动图，甚至有时还是完全静止的图像。孩子之所以会害怕"噩梦"，很多时候恰恰是因为他们无法区分现实和梦境。

事实上，4岁之前的孩子还无法认识梦境的虚幻性，和成年人一样，孩子的梦境也会出现在快速眼动睡眠阶段，该阶段大脑活动会十分活跃，基本接近清醒时的状态，所以当孩子梦到一只大灰狼时，尽管这只"无辜"的狼可能什么都没做，孩子也会理所当然地认为这只狼是真实存在的，并且是来抓自己的。他们认为梦是真实的，因为他们切切实实地感受到了梦带来的恐惧，而这已经足以让他们惊惶不安了。

俗话说"日有所思，夜有所梦"，弗洛伊德在《梦的解析》中也提到这样的观点："梦是人在白天活动时产生的潜意识转化而成的情境。"对于孩子而言，他们的经历较成年人来说会简单很多，所以梦境一般也较为简单。但孩子们虽阅历不足，但其脑海中素材应该谈不上匮乏，这是因为电子产品的普及，让孩子们有机会接触并认识更多的或正面或是负面的动画形象，而且不难发现，这些动画形象往往会深深地印在他们的头脑中，事实上，对于现在的孩子来讲，他们的梦境很可能是丰富的，但受其发展阶段的限制，这梦反而被冠上了"噩梦"的头衔。

那么当孩子真的从噩梦中惊醒时，我们又该如何帮助他们呢？

4岁半的朱朱最近一段时间晚上总会做梦，睡着睡着就会突然

大哭起来，睡得正香的妈妈被哭声吵醒后，总会下意识地拍拍孩子，说："梦都是假的，没事的。"尽管这样，朱朱还是会要求妈妈搂着她睡觉。有一天晚上，朱朱和妈妈躺到床上，准备睡觉了，妈妈感觉自己都已经快睡着了，却发现朱朱瞪着圆溜溜的大眼睛，毫无睡意。"你怎么还不睡觉呀？"妈妈问，"瞪着大眼睛看啥呢？"朱朱说："我不睡觉，我怕做噩梦！"

朱朱妈妈这时才意识到，自己之前对孩子的安慰根本没有任何效果，不仅如此，恐怕世界上最好的演说家也无法让朱朱相信梦是假的。于是妈妈决定和女儿好好谈谈，妈妈说："我想也许你能跟我说说你都梦到了些什么，说不定我有办法帮你呢！"朱朱选择相信妈妈，"我梦到一只大灰狼，它的牙齿很尖，但它是紫色的。"朱朱说，"我想它一定是来抓我的！"妈妈将她搂入怀中，告诉她："我想那只大灰狼很可能是饿了，也许它很孤单，或许是想和你做朋友，要不然我们写封信给它怎么样？如果你们成了朋友，你可以把冰箱里的肉分享给它。"

如我们所见，孩子正在努力地去理解这个世界，但绝不是以成人的方式，所以当孩子从梦中惊醒时，仅仅告诉他"不用害怕，梦都是假的"还远远不够。我们需要做的首先是让孩子冷静下来，让他们意识到现在的环境是安全的，待其情绪平稳了，我们可以尝试跟他聊聊刚才的梦。可以尝试这样的句式，"你刚刚一定害怕极了，愿意和我聊聊你的梦吗？或许我可以帮助你！"当孩子感受到被理

解时，他们是很愿意向你敞开心扉的。

　　其次，我们可以以"毒"攻毒。梦境的素材多源于现实，是大脑再加工的结果，也是充分想象的结果，我们恰恰可以利用"想象力丰富"这一点来干预噩梦的影响。比如当孩子哭诉："妈妈，我梦到有坏人来抓我！"妈妈不妨这么说："那你一定吓坏了，我们给警察叔叔打个电话吧！他们专门抓坏人！"这时候爸爸不妨友情出演一下"警察叔叔"的角色。

　　除此之外，我们还可以"防患于未然"，在日常生活中，给孩子多读一些图书、绘本，给孩子一个通过阅读来认识世界的机会，当孩子脑中对世界的认识越来越清晰了，他的噩梦也就会越来越少了。

第六章 自我否定：

因为家长给孩子传递了太多的负面信号

关于孩子的自我否定，你可能存在的教育误区

　　暑假结束后，6 岁的舟舟就要上小学了，一直以来，舟舟的妈妈都觉得，作为男孩子，舟舟少了些勇气和探索精神。为了帮助舟舟习得一定的技能，同时激发孩子的勇气，让他变得自信起来，妈妈在暑假还未开始前，就给舟舟报了一个游泳班。

　　期望总是美好的，而现实却并非如此，眼看暑假已经过半，同期的学员有的已经可以依靠浮板踢水前进了，有几个学得快的已经能短距离换气前进了，而舟舟还在池边抓着栏杆练习踢水。他拒绝教练帮助他练习在水中呼吸换气，他担心那样会呛到自己。尽管教练苦口婆心地说："不会的，你只需要像吹生日蜡烛一样吸气，然后到水中吹气就可以，很简单……"舟舟依然不愿尝试。没办法，

教练必须顾及班中所有的学员，他不能将舟舟硬拉下水，更不能强迫他练习呼吸换气，所以他只能选择去教别的学员，不再理会舟舟。

我们经常会遇到这样的问题，孩子自我评价过低、自我否定，甚至自暴自弃等，当这些问题以一种短暂的、瞬间的心理状态出现时，我们就可以认为孩子已经出现了自我否定的情绪。

当舟舟拒绝教练练习呼吸换气的提议时，他内心的心理活动可能是"我不会，我肯定做不好"，所以他想要放弃，并成功地说服教练"放弃"了自己，以此来"坚定"内心的想法。舟舟的表现"完美"诠释了自我否定这一情绪。

那么，如何来判定自我否定情绪呢？一般来说，自我否定情绪具有以下几个特征：

公众场合瞬发

自我否定情绪一般出现在公众场合，并且往往是瞬发的。带孩子去逛商场，本来很开心的孩子，当你让他和其他小朋友一起在室内游乐场玩时，却表现出退缩、躲闪、排斥的行为，这其实就是孩子的自我否定情绪在起作用。

丧失自主

孩子会突然表现得优柔寡断或缺乏主见，跟随权威说法或做法，哪怕不愿意也会屈从他人。家长鼓励孩子去室内游乐场玩，也给他买了门票，孩子进门之后却一直不肯往里面走，眼巴巴地看着蹦床、气球池……

对 "批评" 过于敏感

"擅长" 捕捉对方口中的 "负面评价"，甚至有些评价根本算不上真正意义的负面评价或批评，但孩子却突然表现得极为激烈。

敏感不自信，容易放弃

即便自己做得一般，也会要求不恰当的表扬，以此来缓解内心深处因自卑而产生的折磨，否则便很容易放弃。

菲菲和妈妈一起画画，每次画完之后，菲菲都要问一个问题："妈妈，你觉得我们两个谁画得好？"

妈妈也最害怕菲菲问这个问题，因为这样的场景已经上演过无数次，如果妈妈说菲菲画得好，菲菲就会哭着说："我觉得妈妈画得好，我可以和你交换吗？"如果妈妈说自己画得好，菲菲也会哭着问："难道你觉得我画得不好吗？我以后再也不画了！"菲菲妈妈常常感慨："和敏感又自卑的孩子相处，心真的很累啊！"

经常对自己进行自我否定的孩子，我们可以明显感觉到他们的脆弱、敏感和不自信。作为成年人，和这类孩子相处我们常会处于失望的边缘，变得不耐烦，感觉心累。但作为这些被负面情绪环绕的孩子，也一样很痛苦，他们会经常感到不安、自责、内疚、失望……所以，在孩子频繁出现自我否定情绪时，家长一定要加以警醒，除了要及时帮助孩子疏解情绪外，还要审视自己的言行，考虑一下是不是自己的某些行为加重了孩子的情绪。

那么日常生活中，哪些行为会引发或加重孩子的自我否定情绪呢？

脱口而出的"数落"

对于学龄前儿童而言，他们的自我认知和自我评价能力正处于发展阶段，这个阶段的儿童认识自我的一个主要途径就是身边成人对他的评价。

这就意味着，如果家长习惯性地将"你这也做不好，那也做不好"挂在嘴边，那么长此以往，就会让孩子形成一种"我做不好"的心理暗示，即使当他们对某件事非常感兴趣时，他们心中也会冒出这样的想法："还是算了，我肯定做不好。"请记住，在父母的"差评"中长大的孩子很容易产生自我否定情绪。

不切实际的"期望"

和第一种情况相反，在一些父母都很"优秀"的家庭中，他们更倾向于鼓励，并将自己的期望值通过鼓励的话渗透到孩子内心深处。在这种环境下成长起来的孩子往往会对自己高标准、严要求，过于追求完美，因此他们内心承受的压力也较大，一旦目标无法达成，他们就会自我问责，觉得自己能力不足，进而产生自卑感。

有意无意地"比较"

尽管很多父母都已经意识到"别人家的孩子"可能会毁了自己的孩子，但很多时候，我们还是忍不住想要拿自己的孩子同"别人家的孩子"做比较。调研人员通过对一部分孩子的问卷数据统计发现，多数孩子会对与别人进行比较十分抵触，只有少数孩子自认为优秀，渴望在比较中获得优越感。

家长们要相信，每一个孩子都有一颗积极向上的心，作为父母，面对有自我否定情绪的孩子应该多一些耐心，并且要善于发现孩子的优势，使其在自己擅长的领域逐渐找到自信。事实上，想要一个已经失去自信的孩子重新找回信心，家长对他的信任将赋予他无限的力量，"相信我，你可以的"，一句鼓励的话语足以让一个自卑的孩子在成长的路上迈出一小步。

发掘优点，培养孩子的自我认同感

　　如果一个孩子积极乐观、阳光开朗、善于表达自己和接纳他人，遇事冷静不急躁不慌张，那么可以判定他拥有较高的自我认同感，而这样的孩子显然和自我否定扯不上任何关系，所以我认为，想让孩子远离自我否定情绪的根本还在于培养或提高孩子的自我认同感。

　　从心理学角度讲，自我否定情绪的产生主要是因为情绪主体接受了太多负面信息，这些负面信息不断攻击他的价值感和安全感，以至于让他的情绪容器建设产生了严重问题。如果说其他情绪的爆发是因为情绪超过了情绪容器的临界点，那么自我否定情绪则是情绪容器本身破裂了。

那么，解决自我否定情绪问题最重要的便是修补情绪容器，而修补方法便是培养自我认同感。前一段时间，社会上有一个热词叫"钝感力"，这个词的内涵其实就是要我们不断增强自我认同感，从而让我们不会因为外部原因而产生自我否定情绪。

自我认同感并非生而有之，而是靠后天培养起来的，学龄前后是儿童进行自我评价，形成自我认同感的关键时期。发展心理学表明，当孩子的某个行为得到父母的认可、表扬、尊重等正面刺激之后，就会形成正向的行为积累，进而促使其自身评判体系的形成与完善。

在这里，我们可以举一个比较常见的罗森塔尔观察实验：

美国心理学家罗森塔尔曾来到一所小学对一部分学生进行了"未来发展趋势测验"。首先，他从一至六年级各选出了三个班，又从这三个班级中选出了若干学生，之后，他说这些入选学生的智商普遍高于同龄人，是"最有发展前途的人"，并将这份名单交给了校长和相关老师。罗森塔尔再三叮嘱："不要让孩子或其父母知道这件事，老师也只需要正常教学即可。"事实上，名单中的学生只是被随机抽选出来的，而并非真正意义上的"天才"。

8个月后，罗森塔尔再次来到这所学校，对当初入选的18个班级进行复试，结果却令所有人感到不可思议。被列入名单的学生不仅学习成绩有了很大进步，而且他们表现出强烈的求知欲，性格活泼，乐于交际，自信心也显著增强了。

实验结果证明，当我们认为一个孩子"资质不凡"时，这种潜移默化的评价会通过我们的言行传递给孩子。同样的，罗森塔尔的"谎言"左右了老师们对名单上学生的评价，在之后的八个月中，老师们会通过言行等将这种正面的评价传递给这些学生，在老师正面的期望下，这些学生变得自尊、自信、自强，从而在各方面取得飞跃式的进步。

罗森塔尔实验证明，老师或者父母对孩子的正面期待会影响到孩子自我认同感的发展。对于儿童而言，他们大多会根据父母的评价来刻画自我认知。倘若一个妈妈在给孩子辅导作业时，经常戳着孩子脑门说："你怎么这么笨啊！讲了这么多遍怎么不开窍呢！"

你怎么这么笨呀！

那么这个孩子极有可能会在生活、学习的各个方面来"印证"妈妈的话，最终结果是，"蠢笨"的认知深深烙印在孩子内心深处。

由此可见，在孩子自我认知发展的关键期，父母的言行很关键，在家庭中给予孩子充分的真正意义上的爱和自由，给予孩子理解、尊重和信任也显得尤为重要。那么在日常生活中，究竟该如何提升孩子的自我认同感呢？这里分享几个教育案例，希望在培养或提高孩子自我认同感的路上，可以帮助大家走得更顺畅一些。

当别人表扬孩子时，如何做才能增强孩子的自我认同感？

每天幼儿园放学后，妈妈都会带小环去超市买一些晚饭时需要的食材。已经幼儿园大班的小环乖巧懂事。这天，妈妈像往常一样带着小环去了超市，因为买的东西比较多，小环主动要求帮妈妈分担一些，妈妈将装有四个馒头的袋子交到她的小手中，她蹦蹦跳跳的，看得出来，能为妈妈"分担"她感到很开心。一路上遇到不少熟人，谁见了帮妈妈拎东西的小环都忍不住夸上两句："这孩子真懂事啊！"妈妈心里虽然美滋滋的，但嘴上也不好自己夸自己家孩子，于是便顺口搭话道："哪呀！她在家可淘气了。"本以为事情就这么过去了，谁知快到家的时候，"妈妈，你是不是不喜欢我？"小环忽然问道，"上次李奶奶夸我漂亮的时候，你也说哪漂亮啊，长这么黑。"妈妈不禁愕然。

事实上，当我们出于维护对方的面子，或以成年人的思维客气地回应别人对孩子的赞赏时，我们自己的虚荣心可能得到了满足，

但是孩子得到的信息却是相反的。因为他们最尊重、最亲近的人直接否定了别人对自己的表扬，于是他们接收到的直接信息变成了父母的否定。对于小环这个年龄段的孩子来讲，他们正处于发展自我认同感的关键期，因而对于"我能行吗""你喜欢我吗"这些问题，他们内心格外需要得到肯定的答复。

你家小环真厉害，听说上次考了第一名！

哪里呀，其实只是碰巧而已。

当孩子让你面子过不去时，如何做才能维护好孩子的自我认同感？

其乐和程程是好朋友，这个周末两人约好到其乐家玩，到了约定时间，程程妈妈带着他如约而至。而其乐呢？知道好朋友要来，也和妈妈一起给程程准备了零食、水果和玩具。两位妈妈聊着天，两个孩子玩得不亦乐乎，一会儿模拟开坦克，一会儿模拟开飞机。

很快到了傍晚，程程妈妈要带他回去了。这时候，程程和其乐妈妈说："阿姨，我能把这个飞机模型带到我家吗？"这架模型是其乐的舅舅不久前才送他的，其乐妈妈虽然心中为难，却抹不下面子，只得说："可以啊，送给程程了。"但是其乐的小脸明显晴转阴了，哭喊着说："不可以！这是我的！"两位妈妈都很尴尬，其乐妈妈说："程程是你最好的朋友啊！好朋友是不是应该分享玩具啊！"其乐一边哭喊着"我不要"，一边伸手抢程程手中的模型。程程妈妈看到场面失控，留下玩具说了再见，匆忙离开了。

日常生活中，孩子让家长"面子"挂不住的事情有很多，比如见到熟人，不管怎么说孩子就是不打招呼。每当我们感到面子上难看的时候，很多家长都会急着批评自己的孩子，很多时候会给孩子扣上"不爱分享""不懂礼貌"等帽子，但事实上，孩子不想做的事情，我们非但不能强迫他，更不能当众指责，甚至乱扣帽子。当孩子不愿做某件事时，他内心一定有尚未表明的感受。案例中的其乐妈妈做法欠妥。首先，忽视孩子的存在感。玩具是其乐的，是否可以外借应该听从其乐的想法，而不是替孩子做主；其次，忽视孩子的感受。飞机模型原本也是其乐刚得到不久，是心爱之物，拒绝外借在情理之中。当孩子不愿意时，作为妈妈应该想办法给孩子也给对方一个台阶下，比如我们可以这么说："这是他舅舅刚送他的礼物，宝贝着呢！程程下次来还扮演飞行员好不好？"

当孩子的好奇心作怪时，怎么做才能保护好孩子的自我认同感？

乐阳很喜欢画画，妈妈将画笔和画纸放在固定的地方，以便乐阳取用。这天是周末，妈妈难得清闲就躺在床上追着电视剧，乐阳在自己的小屋里不知道摆弄着什么，整整一集电视剧完了，乐阳还是没来"烦"妈妈，妈妈忽然想到"孩子静悄悄，准是在作妖"，一下从床上翻起来，来到乐阳门前，悄悄扒着门缝往里看，"哦，原来在画画啊！"妈妈心里松了一口气。推门进去一看，创作场面十分壮观，地上摆了不下几十张纸，大部分纸上面只画了一个圆形，外面还有一个环。"你这是画的什么呢？一张纸就画一个圆形啊！"妈妈不明就里，问道，"这纸都被你用完了吧，这么浪费！"孩子抬起头，委屈地说："这是太空中的行星，我们家又没有像太空这么大的纸！"妈妈恍然大悟，原来，爸爸前段时间刚带他去科技馆了解了宇宙的知识。

孩子的头脑中总会冒出一些奇思妙想，乐阳通过参观科技馆，对太空知识产生了浓厚的兴趣，并通过喜欢的画画形式表现出来。事实上，这正是孩子在好奇心的驱使下勇敢探索的过程，作为父母，我们应当尊重、珍惜和鼓励孩子的每一次探索行为（在保证安全的前提下）。拿画画来说，成年人在意的往往是"孩子画得是否漂亮""是否存在颜料、纸张等浪费行为"，但在孩子眼中，画纸和画笔就是用来画画的，生活中的材料都应服务于他的游戏和探索行为。作为

父母亦应转变思路，对孩子最好的支持是呵护孩子的好奇心和探索欲，而不是一味否定。

一个在被爱包围的环境下成长起来的孩子，他感受到的永远是来自父母的信任、支持和鼓励，只有这样，他们才能长成阳光自信的样子。

启发引导式的批评，具体的鼓励让孩子远离自我否定

　　巧巧已经五岁半了，巧巧妈妈想要培养孩子的生活自理能力，她会为巧巧准备穿脱方便的衣裤和鞋子。但尽管这样，每天早上，巧巧依然不能如妈妈所愿地自己穿戴整齐，比如很多时候巧巧都会将鞋子左右脚穿反。每当这时候，着急出门的妈妈就会说："跟你说过多少次了，有图案的一面是向外的，怎么又穿反了啊！"

　　吃饭时，贪玩的恒恒不小心将旁边的果汁碰倒了，果汁洒的到处都是，杯子也被打碎了。恒恒不好好吃饭，妈妈的火气再也压制不住了，"跟你说了没有，好好吃饭，吃饭的时候不许玩儿，这下好了，饿着吧！"

5 岁的阳阳已经有了自己的主见，周三早上他非要穿着印有奥特曼的那件 T 恤去幼儿园，可外面却正下着小雨，妈妈试图说服他："今天外面很冷，你必须把这件外套穿上，不然你会感冒的。"阳阳无动于衷，妈妈只得作罢，说："等着生病了去医院打针吧！"

　　孩子在成长过程中犯一些错在所难免，如果父母在这时毫无方式方法地对孩子进行一顿批评，时间久了，孩子可能会慢慢走向自我否定。对于孩子的错误，家长正确的引导必不可少。

　　日常生活中的很多公共场所，如公园、超市、商场或者公交车上等，我们经常会听到父母们苦口婆心的说教，这种方式管用吗？如果家长总以说教的方式"告诉"孩子，恐怕你说上一万遍也改变不了什么。不仅如此，当家长向孩子说教时，传达给孩子的信息是——"你做的没有达到我的预期"，这样的信息无形中会让孩子产生内疚感，久而久之，他们还会因为总也达不到父母的预期而变得自我否定。

　　所以人们常说，批评是一门艺术，批评孩子更是一门艺术。批评孩子当然要注意方式方法，批评要基于一个前提——孩子主动意识到错误。

　　当然，从儿童的心智发展特点来讲，想要就一个错误让他自主探究前因后果是不太现实的。这时候就需要父母引导他们自主探究，启发式提问能够较为有效地帮助孩子发展思考能力和判断能力，不仅如此，在父母长期的启发引导下，还能够培养孩子解决问题的能力。

等着生病去医院打针吧！

周末，欣欣一家决定去郊外秋游，他们很早就起床了，妈妈在准备早饭的时候叮嘱欣欣："早饭要吃得饱饱的，一会儿我们有很长一段路要走呢！"尽管如此，5岁的欣欣因为秋游而过分激动，早饭并没有吃多少，她太着急出门寻找秋天了。

就这样一家三口出了门，路程刚进行到一半的时候，坐在车子后面的欣欣开始抱怨肚子饿了。"妈妈，我们还有多久能到啊？"欣欣说，"我都饿死了！"而且欣欣问得越来越频繁，妈妈顺势问道："那你觉得你为什么会饿啊？"并尽可能地想让欣欣将自己的"饿"和早上没吃完的鸡蛋、豆包及没喝完的牛奶联系到一起。

对于5岁的孩子而言，她好像明白了妈妈意有所指，有些不好意思，但欣欣的小脑瓜转得很快，问："那我现在可以吃车上的食物吗？"妈妈语气温柔且坚定地说："不可以，那是为野外午餐准备的食物，要等到了目的地才可以吃。"欣欣只好作罢，我想这次短暂的"挨饿"经历，不仅能够帮助她懂得下次出门前认真享用自己的食物，还能让她明白为自己的行为承担责任的道理。

启发式提问的意义在于教给孩子怎样主动去思考行为和结果之间的联系。当一个孩子因为没穿外套感到寒冷时，你问他："为什么会感觉到冷？"他可能会回答你："因为早上没有喝完碗里的小米粥！"很多人可能会认为这是个笑话，但事实上，有时候在成人看来非常简单的推理，孩子们却并不一定真的能够理解这其中的关系。

所以，作为父母，引导孩子去思考事情发生的原因，分析当下的感受，以及如何去解决这个问题，或下次如何才能避免类似情况的发生将是更加值得关注的事情。

那么，启发式提问要如何进行呢？家长要坚持六必问：发生了什么事？你当时在想什么？或想做什么？你认为为什么会发生这样的事？你现在有什么感受？你觉得怎么做才能解决现在的问题？如果下次想要避免发生类似的事情，你还应该怎么做？

在孩子情绪稳定的时候，家长提出这六个问题，并捕捉到孩子回答时的情绪状态，相信慢慢家长就知道该如何对孩子进行批评了。

在孩子成长过程中，批评要注意方式方法，鼓励也是一样的。

美国著名儿童心理学家鲁道夫·德雷克斯也曾一再强调："孩

子的成长离不开鼓励，就像植物的生长离不开水一样。"现代教育提倡鼓励孩子，因为我们相信鼓励能够帮助一个孩子获得前所未有的勇气，而这勇气能够帮助他们克服成长路上遇到的挫折，进而让他们远离自我否定。但问题是，究竟什么样的鼓励才是正确的鼓励呢？

当我们面对孩子向我们展示的小小成果时，"你真棒，这是我见过的最漂亮的画""你真厉害，我要把这幅画挂在墙上""你真聪明，我可能画不了这么好"这些话也许会脱口而出。但事实上，这只是在表扬，并不是真正的鼓励。

含糊的"你真棒"其指向性是孩子这个人，而并非他所做的事。而这样的"鼓励"对孩子信心的塑造和培养的效力可能并没有我们想象的那么大，因为孩子尚不能将含糊的表扬与自己所做的事情联系起来，长此以往，非但不利于孩子勇气和信心的培养，还有可能在无形中传递给孩子一种错误的逻辑推理——"我能做的就是取悦别人"。

下面，让我们设定两个特定情形，以此来帮助大家清楚地区分表扬和鼓励之间的不同之处。

情形一

4岁的佑佑在妈妈打扫卫生的时候，主动帮妈妈扫地。

错误示范："佑佑真棒，真是妈妈的好闺女。"

正确示范："谢谢你的帮助，有了你的帮助，妈妈感觉轻松了不少。"

专业分析：同为肯定，第一种做法指向人，传递给孩子的信号是：得到他人认可时，觉得自己是有价值的；第二种做法指向孩子帮助妈妈扫地这件事，传递给孩子的信号是："我能做到""我是被需要的"，它让孩子切实感受到了自己的价值。

情形二

5 岁的天天在幼儿园的故事大赛中赢得了一等奖。

错误示范："天天真棒，妈妈为你感到骄傲。"

正确示范："这个一等奖的证书证明了你付出的努力。"

专业分析：第一种鼓励剥夺了孩子的自我成就，第二种做法既肯定了孩子的成绩，又肯定了孩子为此付出的努力。传递给孩子的信号是："我能做""付出努力就会有收获"。

这个一等奖证书证明了你付出的努力！

奖状
一等奖

鼓励的真正意义在于让孩子知道他自己的价值，以及他到底做了哪些值得骄傲的事情。所以，请不要再拿"你真棒"这种宽泛的肯定来鼓励孩子。倘若家长朋友无法确定自己所说的究竟是表扬还是鼓励，那么这里我们来分享一个简单的判断标准，即鼓励是在特定的情形下对特定的人所讲的话语。

　　比如：当一个孩子在玩钓鱼游戏，后来他提着满满一桶鱼来到你面前，家长可以告诉他："你钓了满满一桶鱼，这一定花费了你很多的耐心和时间吧！"这样的话语传递给孩子的信号是——爸爸妈妈注意到了我做的事，并给予了肯定。这就是鼓励的话语，是你针对孩子做的这件事而发表的看法。而"你真棒""你真聪明"是在任何情形下都可以说的一种较为宽泛的表扬方式，它并不是真正意义上的鼓励。

　　综上所述，让孩子感受到你对他所做事情的关注，让孩子感受到自己真正的价值所在，让孩子成功地运用他们发展中的自主性和主动性去探索、去尝试、去犯错误，就能最大程度地激发出他们的自信和勇气，进而从根本上远离自我否定。

恰如其分的自尊帮孩子远离自我否定

在开始讨论之前，我们可以先想象这样几个问题：

你偶然进入一个酒会，酒会上一群成功人士在侃侃而谈，如雷军、马化腾、刘强东、任正非等，你是否会十分局促，不敢在众人面前大声发表自己的看法？

你偶然进入一个会议，会议上是一群泰斗级别的科学家，如袁隆平、屠呦呦等，你是否会感觉到心跳加速，有点不知所措？

看到你最喜欢的影视女明星，你是否会感觉到羞赧？看到了姚明，你是否对自己的身高没有信心？

生活中，我们瞬时的自我评价在很大程度上都源自比较。与身边人相比，让我们产生了各种各样的情绪。如和姚明相比，我们对于自己的身高就产生了否定情绪。但是，身高不如姚明，是否会让我们彻底地自我否定，让我们觉得自己一无是处呢？相信大多数人都不会，这是因为我们的自我评价是综合的。而频繁产生自我否定情绪的孩子，则是因为综合的自我评价体系崩溃了，所以遇到比较情结时，就会在内心对自己来一个彻底的否定。

然而，注意观察的读者可能还会发现有第二种情况：见到姚明觉得他不过是"傻大个"，见到女明星觉得"一定整过容"，见到泰斗科学家觉得"这有什么用"，见到成功人士觉得"他们不过是运气好"。

当这种情况出现时，我们就知道，这个人的自我评价体系朝另外一个极端方向走去了，他们变得异常的自负，他们在比较时产生了否定他人、攻击他人的情绪。而当孩子有这样的问题时，他的表现会和妒忌情绪很类似。

因此，我们在疏解孩子自我否定情绪的同时，不能让孩子走向另一个极端。那么如何来把握这个度呢？如何帮助孩子建立恰到好处的自我评价体系呢？

拥有恰到好处的自我评价体系的孩子，他们内心总会有一个积极的自我概念。举例来说，"我是一个女孩"这是一个客观的自我概念，而"我是一个好女孩"则是一个积极的自我概念，是孩子自我价值肯定后的结论，也是孩子积极的自我评价的体现。可想而知，当一个孩子认为自己是有能力的，他自然可以表现出自信，反之，则表现为自我贬低、自暴自弃等。

积极的自我概念	消极的自我概念
感觉自己是受欢迎的	感觉自己是被排斥的
相信自己是有能力的	感觉自己是无能的
感觉自己是被爱着的	感觉没有人爱自己
感觉到自己的价值，并知道自己是被重视的	感觉自己没有价值，是被忽视的
乐于助人，道德高尚	不良行为出现，做坏事
能自我接纳	不喜欢自己
独立的	依赖他人
自信的	自卑的，自我怀疑
安全的	不安全的

我们可以把积极的自我概念简单理解为自尊心（虽然在心理学上是有一些差异的），作为孩子建立自信最坚实的基石，每一个孩子的自尊心都应该被细心地呵护。但自尊心过强或过低都不是真正自信的表现，只有建立在准确自我认知基础之上的自尊心才是有价值的。

科学培养孩子的自尊心对于疏解孩子的自我否定情绪来说非常重要。想要培养孩子恰如其分的自尊心，还是应该从培养孩子准确的自我认知着手。使其对"我是谁""我长得好看吗""我在朋友中受欢迎吗""我是不是一个好人""我有能力做这件事吗"等问题有准确的认识。

然而，这些问题的答案都需要孩子自己去探索、去实践，任何

直接得来的"是"或"不是"都不足以使其对自己形成正确认知。正因为如此，父母要将孩子当成一个独立的正常的个体来养育，不要试图使其生活在"温室"中，不要试图帮助他填平成长路上所有的坑洼，要使其完整地经历成长路上的挫折，及时予以肯定和鼓励，及时予以答疑解惑，使其明白分享的意义，使其懂得不打扰他人的文明，要使其在生活细节中学习做人做事的道理，并从中收获健康向上的自我认知。

除此之外，更应该告知孩子，每一份自尊都源于对他人的尊重，尊重是相互的。可能很多父母都不乏这样的体验，孩子冲我们大喊大叫，或者直接用命令的口气支使我们去做一些事，比如"你去，去给我把牛奶拿来"。说实话，当我们感到不被尊重的时候，是不是有些恼火，但反思一下，这样的话不正出自我们的口吗？

所以，家庭养育中的自我认知，除了要帮助孩子认识自我、保护孩子的自尊外，还应当懂得适时引导孩子懂得认识他人、尊重他人，比如学会排队等待、学会合作玩游戏、学会和他人平等交换等，尊重和认识他人的行为也会让他们收获自我价值的肯定，从而远离自我否定。

解决有"特殊情况"孩子的自我否定情绪

伊伊出生后 4 个月左右的时候，妈妈发现她的左眼斜视，去医院检查后，被医生诊断为先天视神经发育不全，而且这种先天性的斜视几乎没有矫正的可能性，鉴于孩子月龄较小，也只能先做观察，根据孩子以后的视力情况再做针对性治疗。医生的话对伊伊的爸爸妈妈来说如同晴天霹雳一般。

现在 3 岁的伊伊已经上幼儿园了，她左眼的状况却不容乐观，因为斜视的缘故，伊伊的左眼又出现了弱视的情况，所以根据医生的建议，3 岁的小伊伊佩戴了眼罩。

最近一次去医院复查的时候，妈妈有些沉不住气地问医生："孩子这个状况难不成以后都要戴着眼罩生活？她可是个女孩子啊！"

对于伊伊来说，她好像很早的时候就知道自己和别人不一样了，或许是因为大人们之间的议论，或许是因为幼儿园小朋友的童言无忌。看着有些失控的妈妈，她怯怯地拉了拉妈妈的衣角。

现实生活中会有一些像伊伊一样身体或心理存在某种缺陷的孩子，他们在发育上的差异或缺陷可能源于先天因素，比如兔唇、听力障碍等，也可能源于后天用药不当或意外等因素。

对于绝大多数父母而言，当意识到自己的孩子为特殊群体后，他们都会感到巨大的压力，这压力一方面来自他们内心的愧疚，一方面来自他们可能要面对的外界的"说三道四"，更多则来自他们心疼孩子却无计可施的焦虑。

养育有特殊需要的孩子需要父母们付出更多的爱和耐心。但家长也应该知道，孩子们也有着超乎常人的觉察力，他们能够真切地感受到父母的情绪、身处的氛围。倘若他们感知，且持续感知到父母焦虑无助、自责内疚等情绪，对孩子身心健康的发展必将是无益的。

这些孩子可能还无法清晰表达自己内心的感受，但他们却能对父母的压力和焦虑感同身受，并将这些负面情绪的来源指向自己，指向自己身体上的某种缺陷。而这刚好打破了孩子建立情绪容器最重要的价值感和安全感，所以这类孩子也是最容易爆发出自我否定情绪的人群。

根据心理咨询的累积数据分析，从小存在身体缺陷的人大都存

在着不同程度的情绪问题，而在童年时期，情绪问题最突出的表现就是自我否定情绪。

那么，当面对有特殊情况的孩子时，父母们究竟怎么做才能让他们减少自我否定情绪的侵扰呢？

首先，让孩子感受到自己是被爱和被接纳的。

当孩子被确诊为有某种特殊需要的儿童时，绝望的父母们起初总是会病急乱投医，然后慢慢认命。在这个过程中，很多父母会沉浸在自己的悲伤、绝望情绪中，他们很关注周围人对自己孩子的看法，这一切都给父母们带来了很大的心理压力，但我们好像忽视了真正的"受害者"其实是孩子。

所以，对于养育有特殊需求的儿童的家庭来说，家长除了需要认可自己的感受和需求之外，更需要一颗勇敢无畏的心。家长可以告诉孩子，无论他是什么样子，他都是被无条件接纳的，从而让孩子感受到来自家庭的爱和温暖，让孩子找到归属感，而不是活在父母悲伤甚至失控的情绪中，只有这样，我们才能更加有效地养育自己独一无二的孩子。

其次，引导孩子发现自己的优点和价值。

除了让孩子感受到被爱和被接纳之外，找到处理问题的方法也同等重要。无论是历史上还是现代社会中的一些案例都向我们证明着一个道理，即当一个人缺乏一种能力时，他的另一种能力则极有可能得到很好的发展。

比如，当一个人视力不佳时，他的听力一般会非常灵敏。正如

有些人所说，上帝为你关上了一扇门，也一定会为你打开一扇窗。每个人都有自己的优势和劣势，作为父母，我们应该好好想想属于自己孩子的特殊天赋是什么，在此基础上培养孩子一项独特的技能，这一点对于孩子自信心的建立非常重要。

第七章 逃避：

因为孩子觉得退缩逃避是最好的方法

关于逃避情绪，你可能存在的教育误区

"我儿子亚亚马上四岁半了，他在家很活泼，但是一到了外面就有点发憷，看到陌生人会躲在我身后，说话声音小得就像蚊子，他说一遍我还要给朋友复述一遍。他已经快5岁了，又是男孩子，这么腼腆，现在社会竞争又这么激烈，以后怎么在社会上立足啊？"

"我女儿媛媛今年3岁。前几天朋友约我一起遛娃，想到他们的孩子也都是三四岁，我就同意了，想着也能给孩子找个玩伴，可谁知道，整整一天女儿都和我黏在一起，怎么推都推不出去，看着别人家孩子一起唱唱跳跳的，我真是又尴尬又着急。"

类似上面的情况，现实生活中并不少见。每个孩子生来都带有

自己的社交特质，有的孩子性格外向，在社交中自来熟，有的孩子内向腼腆，在社交中往往表现慢热。内向和外向并没有绝对的好坏之分，我们所谓的"坏"不过是身为父母过分焦虑的结果。

然而如果由过度内向发展为做事缩手缩脚、处处逃避，那么问题就比较严重了。很多家长会为此苦恼不已，他们总希望孩子可以变得胆大一些，在人群中能够把自己最优秀的一面展示出来，毕竟这是一个充满竞争的社会，如果一味地躲在父母身后或者站在一个不起眼的角落，又怎么能适应这个社会呢？

其实，孩子之所以会产生逃避情绪，在某种程度上就是因为家长的焦虑所导致的。家长总是习惯性地关注孩子某一阶段表现出的状态，当状态欠佳或者达不到预期时，就会习惯性地将未来朝着坏的方向去设想，但很少有人肯花时间来反思自己及在教养方式上存在的问题。

但其实，孩子的逃避情绪在很大程度上都是由于教育不当所引起的。

一、父母过于严苛，常当众训斥或责难孩子

大多数家长在面对孩子的逃避、躲闪行为时，并不能正确客观地看待孩子的当下情绪，反而常会认为这种行为是不好的、不对的，从而忽视了孩子的内心需求。很多父母或者老师会以简单粗暴的方式来对待孩子的逃避情绪，并且还给这种方式冠以"鼓励"和"为他好"的头衔，事实上，这样的方式对孩子来讲，并不是"雪中送炭"，而是"雪上加霜"，在这样的"鼓励"下，孩子只会更加逃避。

5 岁的妙妙学画画有一年多时间了。每堂绘画课结束的时候，小朋友们都会自己站到讲台上去分享自己的作品。可是妙妙每次都畏畏缩缩地躲在妈妈身后，直到所有小朋友都分享完了，她才怯怯地走到台上分享自己的画作，声音小到即使你"竖起耳朵"也可能听不完全。

这时候，妈妈就会"提醒"："妙妙，声音大一点！"妙妙看一眼妈妈，然而并没有任何改变。分享结束后，妈妈还会追加几句："你这孩子怎么回事啊？你看别的小朋友谁像你一样，说话那么小声，大家能听到吗？怎么越大越拿不出手了呢？"

二、随意给孩子贴上胆小的标签

美国心理学家贝科尔说："人们一旦被贴上某种标签，那么他就极有可能成为标签所标定的人。"对于孩子来说又何尝不是呢？当一个孩子没有做好准备不想上台表演时，父母会竭尽全力地劝说。劝说未果之后，我们可能还会加上一句"这有什么可怕的，这么没出息，真是上不了台面"；当家中来了客人，孩子不想打招呼时，我们又会说："这孩子就是胆小，也不知道随了谁了。"

怎么这么胆小，
这么没出息！

事实上，逃避情绪只是一种正常的心理需求，对于成年人来说都非常常见，更何况是孩子。想一想，你有没有在特别讨厌的场合强迫自己必须留下来的情况？当时你那种难受的情绪就是逃避。你尚且如此，又怎么能够强迫孩子呢？

孩子们理当拥有低声说话或者保持沉默的权利，我们不应该为此就给他们贴上胆小、怕生的标签，以成人的衡量标准来评判孩子的行为对他们来说是不公平的，而且长此以往，孩子会丧失社交自信。他们会理所当然地认为，自己就是胆小的人，遇到事情更应该逃避。毋庸置疑，这将对孩子未来的社会交往能力造成极其不好的影响。

三、重重设限，过多干预孩子的成长

干预孩子成长在全世界都是一个普遍存在的问题，我们中国的家长也是如此，干预教养的最大弊端之一就是"因噎废食"。当家长意识到某一件事对于孩子来讲存在危险时，就会禁止孩子去做这件事，或主动帮助孩子去完成。事实上，孩子每一次小小的成就都会在他们成长的自信心上加上不小的分量，而我们却一次又一次剥夺了孩子自己去体验成功的机会和增加自信的机会，最终导致孩子遇事就逃避。

家长朋友要懂得，完美孩子只是一个神话而已，所以不应该强求孩子成为我们理想中的样子。尤其在孩子努力想要获得某种能力感或归属感时，他们将承受一种无形的非常强大的压力，如果家长一味想要孩子成为一个与他自己并不相同的人，那么非但无益于缓解压力，反而会加剧其摧毁力。

所以，智慧父母会选择理解并接受孩子的情绪。当然，接受并不意味着"好吧，我的孩子就是这样，随他去吧"。那么如何把握度呢？在这里我们将提出一个"契合度"的概念，简而言之，就是在父母和孩子之间找到一个平衡，并建立一种良好的契合。

举例来说，5岁的冠冠性格内向，在陌生的环境或见到陌生人时就会变得局促不安，常常还没开口说话脸就先红了，而冠冠的爸爸却可以游刃有余地应对各种社交场合。那么我们可以判定冠冠和爸爸之间的契合度是很差的。在这种情况下，如果爸爸强行要求冠冠像自己一样，那么显然会让冠冠因为力不能及而感到沮丧。但如果爸爸试着去理解他，并告诉他想要交朋友确实需要花费一定时间，除此之外，不妨再告诉孩子一些交友技能，这样冠冠感受到的才是真正的鼓励。

　　当然，这可能需要花费一定时间，但这能够帮助我们在与孩子相处时找到一条理想的道路。若干年后，我们会发现，无论是孩子，还是我们自己，都将受益匪浅。

易怒的父母更容易养出"总是想逃"的孩子

　　喜欢思考的读者朋友可能会产生这样的一个疑惑，我们这里的逃避情绪，难道不是恐惧情绪的翻版吗？这二者之间有什么差别吗？

　　其实，逃避和恐惧确实是一对伴生情绪，逃避情绪产生的时候会有一些恐惧情绪出现，恐惧情绪产生时，逃避情绪也会跟随。但从主导情绪的角度来讲，这二者还是有着明显的区别的。

　　逃避是一种对当前问题无能为力，从而内心想要放弃的情绪，这种情绪在瞬间产生，但消散之后人会觉得非常舒服、放松。但恐惧则不然，恐惧虽然也有一种退缩的心理，但在逃离催生情绪的事件时，恐惧情绪还会持续存在。

其次，恐惧会在某种程度上导致敌意、攻击、排斥，而逃避情绪则不然，逃避情绪所导致的只有逃避躲闪，有的时候我们甚至会一边逃避一边欣赏。

例如，周末我们去学校操场跑步，刚好看到有一群学生在踢球，他们因为人数不均等，所要冲我们喊"过来一起踢吧"。此时，如果逃避情绪产生，我们会说出"不行，不行，我踢得不好""我今天没有穿足球鞋"等话，有时我们还会趁对方不注意偷偷溜走，然而在内心深处，我们却是非常渴望参与到足球比赛中去的。

渴望并逃避，这是逃避情绪相较于恐惧情绪、自我否定情绪最大的不同，因而这种情绪有时会让人觉得莫名其妙，但其影响却非

常大。有些成年人一边渴望爱情和婚姻，一边又坚持"不婚主义"，一边渴望为自己的事业奋斗，一边又对就业的各种尝试一再拖延，所有这些都和逃避情绪有关。

回到教育孩子的问题上，逃避情绪也会让孩子有很多莫名其妙的行为，例如下面这个妈妈的叙述：

我女儿今年满6岁，已经是一年级的小学生了。她长得很漂亮，学习成绩也不错，已经学习了三年舞蹈和画画的她，在气质上也十分出众。但即便这样，女儿还是缺乏自信，还很敏感，她特别在意别人的感受，在意到常常忽略自己内心的真实想法。更别指望她能在班级中展示自己的优势了。

入学之初，在竞选班干部的班会上，她没有主动参加竞选，理由是担心自己做不好。前不久，班级中要选拔一个板报小组，负责每月班级板报更新，我想这次女儿总算可以发挥自己的优势了，可她只成了小组成员，而不是小组长。我相信以她的绘画水平完成这一项任务是没有问题的，所以更希望她能在自己擅长的领域提升一下自己在领导方面的才能。但是她呢？总是在一番优柔寡断的思想斗争之后甘当配角。有时候我真是替她着急。

现实生活中，很多家长会像案例中的这位妈妈一样，看着孩子明明想要，并且很可能能够争取到，却最终自己选择逃避。对此，我们总会感到莫名的"怒其不争"，我们想不明白，为什么

一个明明很优秀的孩子却不敢表现自己，班级合照时永远站在最边缘的位置，当自己正在读的绘本被人抢走时，永远不敢说出"请还给我，等我看完后再给你看"的话。

其实，很多家长没有意识到，孩子之所以会产生逃避情绪，根源在于家长的臭脾气。一位妈妈分享过自己的教育经历：

"那天，我无意中看到我女儿在卧室里踮着脚尖走路，眼睛不时看看正在午睡的爸爸，她动作很慢很轻，尽可能地不发出一点声响，她想要去拿卧室里的芭比娃娃。你可能会觉得奇怪，一个3岁的孩子怎么能这么'体贴'，那是因为上一次她跑进卧室拿东西时声响太大，她是在爸爸的吼声中跑出来的，随后飞出来的还有爸爸的一只拖鞋。"

孩子很多"乖巧""懂事"的行为背后往往隐藏了难以言喻的委屈和感受。对于大部分孩子来讲，他们对成年人尤其是父母的依赖性还很强，所以在易怒的父母面前，他们反抗的概率近乎为零，而多选择隐忍忽视自己的真实感受，甚至降低自己的底线来"讨好"父母。长此以往，他们自己都习惯了忽视自己的感受，即使感到委屈，他们也会选择压抑而不是释放。所以，我们发现在家庭教养中，父母脾气暴躁，孩子多敏感、怯懦、没有主见，而这样的"善解人意"往往令人心疼。

人体内的植物神经有着令人匪夷所思的记忆功能，父母情绪无常、易怒等会对年幼的孩子造成不可挽回的困扰，他们会为莫名其妙的错误感到内疚，"对不起"可以脱口而出，却不知道自己错在

哪里？他们不断反思自己却找不到原因所在，长此以往，别人的一个眼神都会让他们觉得是另有深意的。他们总觉得自己会做不好，因此习惯听从别人，甘当配角。

由此可见，父母"易燃易爆"的脾气对于认知发展尚不完善的孩子来讲简直就是一场灾难，我们好像能够看到一个孩子迷失在紧张、焦虑、胆怯的大雾中，却始终找不到让自己轻松下来的出口。

在养育孩子的道路上，父母的一言一行，甚至一个表情都会被孩子敏感地捕捉到，因此我们一直强调言传身教的作用。作为孩子生命懵懂期的引路人，同样是来自父母的一句话，有的能够令孩子如临深渊、心生胆怯，有的却能令孩子如沐春风、心生勇气；同样是来自父母的一双手，有的会无情拍下，带给孩子身体和心灵双重

痛苦，有的则会紧紧拥抱，带给孩子归属与自信。

如果你刚好就是那位在孩子面前容易脾气暴走的家长，那么可以依照下面的做法来完善自己。

首先，提升自己的情绪把控意识。

对于很多父母来说，他们要面临来自工作、生活和家庭的各种压力，因此有负面情绪产生也在情理之中。所以，想要使孩子不无辜受累，那么自我情绪把控意识的提升很重要。你可以通过积极暂停法来提升，比如，将想要在气头上说的话暂停5秒、10秒，也许你就发现没有那么想说了；你也可以尝试预设后果法，比如，告诉自己"不能随意对孩子发火，这样他会变得唯唯诺诺"；你还可以尝试使用自我鼓励法，比如，给自己一个积极的暗示，告诉自己"总会有办法的"。

其次，正确看待孩子所犯的错误。

很多父母在孩子犯错时会发火，这等于告诉孩子"我不允许你犯错"，在父母的怒火中，孩子会变得更加不知所措。这不仅无益于孩子改正错误，更会伤害到孩子的内心，不利于其心理健康发展。孩子年幼，认知水平和行为能力都很低，我们应该给予孩子犯错的机会，然后以平和的态度告诉他是非对错，这样做将比上面的做法更能促进孩子认知的发展。

然而，对于普天下的父母来讲，想要不对孩子发火真是太难了，毕竟每个人都有属于自己的情绪，毕竟有的时候孩子也确实令人感到头疼。所以，如果你真的忍不住对孩子发火了，那么请记得一定

要向孩子诚恳道歉。不管出于什么原因，请为你的坏脾气和态度向孩子道歉，这样做，在一定程度上可以减轻对孩子内心的伤害。

有人说，父母情绪平稳就是一个家庭最好的风水。的确，相对于疾风骤雨，还是和煦的春光和无声的细雨更能滋养万物。爱的表达方式有千万种，父母给孩子最好的爱就是和谐温馨的家庭环境，不焦虑、不暴躁，希望所有的父母都能有意重视起来，不给孩子的成长留下遗憾。

克服内疚感，让孩子不再逃避

　　周末，一乐和妈妈一起到家附近的某个售楼处看锦鲤。这里的锦鲤个头很大，而且还不怕人，只要有人站在水边，它们就会簇拥过来，张开嘴等着喂食，十分讨喜。可这里也有规定，不准私自喂食，违者罚款 200 元，小小警示牌赫然树立在那里。

　　一乐看鱼看得很开心，鱼游到哪里，他就连蹦带跳地跟着走到哪里，一不小心，手里拿着的白棋子掉到了地上，接着弹入了水里。管理员耳聪目明，闻声赶来，问："什么东西掉下去了？"

　　一乐妈妈说："孩子不小心把棋子掉下去了，有没有什么东西能捞一下？"一乐怯怯地看着管理员，紧紧拉着妈妈的衣服。"这问题可大了，鱼吃了棋子会卡死的。"管理员一边说一边用工具捞

着，捞上来之后说："这棋子没收了啊！"

一乐妈妈看出来管理员只是想警示一下自己，忙说："您看，孩子又不是故意的，我们会注意的，肯定不会再掉下去了。"然后管理员就把棋子交到了一乐妈妈手上。可这时候，泪珠在眼眶里打转了许久的一乐却忍不住声泪俱下。管理员走了，妈妈哄了一乐很久，一乐才答应继续看鱼，但却不像之前那么开心了，眼睛还时不时怯怯地瞄向管理员。

一乐的哭泣可能源于两方面的原因，一方面源于对管理员的颇具"震慑"作用的话语，比如"鱼可能会死""棋子将被没收"等；另一方面则源于自身的内疚感，四岁的他显然已经可以将"鱼的死""失去棋子"和自己刚刚的不小心弄掉棋子的行为联系起来，当内疚感达到个体内心承受的峰值时，很多孩子会选择通过哭泣来释放，并且会表现出不安和胆怯。

美国著名心理学家埃里克森认为，在孩子成长过程中，每个阶段都将面临不同的心理发展危机。我们将这种心理发展危机简单地理解为个体原有心理状态和新的发展之间的矛盾，当原有状态无法满足新的发展要求时，个体会表现出胆怯、不安、退缩等；而当个体通过自身努力或外在引导等途径使得自身与新发展要求之间达到平衡状态时，那么个体也将解锁新的内在品质，比如自信、乐观、勇敢等。

埃里克森心理发展观

阶段	危机	教养任务	品质
婴儿期（0～2岁）	信任与不信任	满足其基本生理需求，给予孩子安全感和信任感	希望
儿童早期（2～4岁）	羞耻感	第一反抗期，让孩子在自主探索中收获勇气，更要适度立规矩	自我控制意志力
学前期（4～7岁）	内疚感	克服内疚，获得主动感	追求目标
学龄期（7-12岁）	自卑感	发展孩子的学习能力，获得勤奋感	自我效能感能力

　　所以我们就可以知道，人在一生中的任何阶段都可能会出现逃避情绪，而孩子尤为突出。这也意味着，倘若一个孩子在其出现逃避情绪时没能平稳度过其心理发展危机，那么则意味着其成年后将面临更多问题。所以，疏解逃避情绪的一个方法便是帮助孩子克服内疚感，从而获得主动感。那么，家长如何来做呢？

　　首先，内疚不同于羞愧，父母应学会识别孩子的内疚感。

	来源	个体感受	行为指向	特点
内疚	自我，在知道某项规则或纪律的前提下做错事，意识到行为后果	自我怪罪	向内，指向自我，严重的内疚甚至会导致自我惩罚或自残行为	隐藏性
羞愧	他人，在个体做错事或失败后，由他人的嘲笑和贬低导致	无能感、自卑感、愤怒感	向外，将愤怒的情绪或行为指向他人	外显型

　　现在，我们回头再来看发生在一乐身上的案例，他不止一次来这里喂过鱼，所以，关于禁止私自喂鱼的规定他应该是知道的，加

上管理员的话，使他更加清楚地意识到自己的行为可能会导致的后果，之后，他的内疚感不可控制地升腾而起。

内疚感往往较为隐蔽，但却能够在最大程度上带给当事人痛苦的感受，十分折磨人。我想当时一乐心中一定十分自责，而这种自我谴责，如果得不到妈妈的正确认识和引导，很容易使孩子做出出人意料的举动。所以，对爸爸妈妈们来说，识别内疚感往往是非常重要的。

其次，引导孩子克服内疚感。

作为父母，当意识到孩子心中的内疚感时，我们首先应该明白，这是孩子在对自己所犯的错误做自我归因，他正试图为自己的行为负责，所以从一定程度上讲，适度的内疚感对于培养孩子的责任感是有益的。然而对于孩子来讲，他们分析问题、处理问题的能力和内心的承受能力都尚未发展完全，所以当他们陷入内疚感时，父母的积极介入和引导必不可少。

首先，给予爱和支持。

当一个孩子承受错误和失败时，来自父母的爱和支持对他们来说则意味着雪中送炭般的温暖。父母的爱和支持不仅能够帮助他们脆弱的内心变得坚强起来，而且可以帮助他们更加理性地认识错误的行为和失败事件。

其次，做到对事不对人。

一个原则——对事不对人。任何时候都不要让孩子觉得他犯了错是因为他能力有问题，或者他失败了就会失去爸爸妈妈的爱。父

母在帮助心存内疚的孩子时，应注意引导其加强对自身能力的认识。比如，当哥哥为了帮助弟弟拿玩具不小心打碎了桌上的水杯时，父母首先应肯定其动机（帮助弟弟是有爱的表现），然后可以这样问："拿水杯对你来说并不是难事，你觉得是什么影响了你的发挥？你觉得下次怎样做会更好一点？"

最后，让孩子在失败中进步。

前面已经说过，孩子之所以会内疚是因为他在对自己的过错进行自我反思，事实上，他们正试图想办法挽回或改正自己的过错。此时，父母应该对孩子进行正确的引导，帮助其分许错误或失败的原因，总结经验教训，引导其对错误行为进行弥补，而不是任由孩子过度内疚下去。这对其良好道德品质和责任心的发展都将会十分有益。

孩子在产生逃避情绪时，内心多处于一种极度纠结、困惑的痛苦状态，而选择逃避则可以帮助他们瞬间从痛苦中解脱出来，所以孩子才会逃避。此时，如果家长用剖析内疚情结的方法帮助孩子从根源上缓解痛苦，让孩子懂得直面问题的意义，那么当有同类问题出现时，孩子自然不会再逃避。

教孩子勇敢地和校园霸凌说"不"

很多父母有一种错误的认识，觉得校园霸凌一般都发生在小学高年级或者中学阶段，学龄前的孩子谈这个还为时尚早，因此在幼儿园阶段，当孩子被抓破、被推倒或者被打之后，无论是施加者的家长还是被施加者的家长，总会"诚恳"道歉和接受道歉，并以"小孩子不懂事""不是故意的""男孩子就是下手重"等理由来处理，最终让事情不了了之。

然而社会研究已经向我们表明，在学龄前，孩子们就已经学会了利用身体攻击或者人际关系排斥来威胁别人，或者保持对他人的控制，而这些行为倘若得不到正确引导，那无疑将为日后的恃强凌弱埋下隐患。

而对于被施加者一方，如果此时不能得到较好的引导，就会对凌霸行为产生逃避情绪，进而成为同学关系中的弱者，为以后成为被凌霸者埋下隐患。

鸣奇在幼儿园上中班。周二上午户外活动时，坐在秋千上玩得正开心的鸣奇忽然被拽住，并被推下了秋千，而推他的不是别人，正是同班的晨晨。晨晨的个头是班里最高的，长得也虎头虎脑，十分壮实。而鸣奇呢？虽说不上瘦小，但相比较来说，至少在体型上不是晨晨的"对手"。可能是处于畏惧心理，鸣奇放弃了心爱的秋千，转而去玩儿其他区域的玩具了。

看到这里，可能所有人都会认为，事情就这么结束了，然而，事件并未结束。这天放学回家路上，鸣奇哭着和妈妈说："我明天不想去幼儿园了。"妈妈一头雾水，问："为什么不想去了？""晨晨每次都欺负我，秋千是我先玩的，他不排队还把我推下来。"鸣奇委屈地诉着苦，哭声更大了。妈妈想起上次晨晨在班级抢鸣奇积木的事情，"晨晨这孩子怎么这么不懂礼貌！"妈妈气不打一处来，说，"你等着，我这就给你们刘老师打电话。"

拨通电话之后，鸣奇妈妈愤怒地问责式地指责了老师的监管失利，老师也表示会详细询问晨晨事情的经过，如果是晨晨不对，会让他道歉，并承诺以后会多关注鸣奇，减少此类事件的发生。之后，鸣奇的妈妈又在班级群里谴责晨晨妈妈："好好管一下你们家晨晨，这已经不是第一次抢别人玩具了。"

之后，妈妈抱抱鸣奇，告诉他："妈妈已经和老师说了，让他批评晨晨，明天他就会跟你道歉。"

看到这个故事的经过，我想很多父母都不会陌生。事实上，家中有孩子上幼儿园的家长，生活中可能经常会上演这样的"戏码"——"老师，今天诺诺脸上有抓痕，怎么回事啊？""乐乐妈妈，能不能给你儿子剪剪指甲，好好管管他吧，太喜欢抓人了。"火药味一时弥漫起来。

的确，每个孩子都是父母的心头肉。当我们发现自己含在嘴里怕化了，捧在手里怕摔了的大宝贝在幼儿园受了欺负，或者受到伤害时，我们很难控制住自己的情绪。但大家可以放平心态，思考一下，为什么受到伤害的永远是自己的孩子，为什么和老师及对方家长反映了、谴责了、也道歉了，不愉快的事情还是会反复发生，这说明大家处理问题的方法是有问题的。

事实上，当孩子受到伤害时，他们确实需要帮助，但绝不是以同情或责备别人的方式。我们给老师打电话，给对方父母放狠话，我们试图让自己扮演一个保护者的角色，但在这个过程中，我们将"我是受害者"的意识无形中施加给了自己的孩子，这样他会形成一种错误的认识：我无力改变或影响发生在我身上的伤害行为，我只能依赖别人。长此以往，孩子就会形成一种受害者的心态。

对于孩子来讲，他们的社会交往能力正在发展，他们需要在自己的小圈子里学会如何与人打交道，这对于他们成年之后的人际交

往能力至关重要。那么究竟该怎么做呢？当发现孩子在幼儿园受到伤害时，将这个问题反映给老师或者涉及的家长当然无可厚非，但与此同时，赋予孩子解决问题的力量或能力更为重要。

首先，无论是作为老师还是父母，我们都应该保持冷静，让孩子自主回忆一下刚刚究竟发生了什么事，当这件事发生时，他内心的感受是怎样的，他对此有什么想法，他认为怎么做才能解决这个问题，或者怎么做才能让他感觉好受一点。

这里我们强调孩子的主观性，在早期的"友谊试验"中，父母或老师应该帮助孩子认识到自己在人际交往中是有能力的，自己也可以做出相对正确的选择，这对孩子以后的成长至关重要。

其次，关注并教给孩子正确的解决方法，即专注于自主解决问题的重要技能。我们可以从两方面入手，一方面，引导孩子说出内心的感受和期望，比如"你弄疼我了""我现在很生气""你需要排队"等；另一方面我们还要引导孩子学会共情，举个例子，当琪

你弄疼我了！
我很生气！

琪和小朋友玩积木时，小乔总是会在积木快要被搭好时冲过来一把推倒，直到有一次小乔再次突然出现时，琪琪说："如果你想加入我们的话，我们很欢迎你，但请你不要破坏我们的城堡。"琪琪的一句话竟"终结"了小乔的破坏行为。

心理学研究认为同情和共情能力的发展将贯穿孩子的整个童年时期和青春期，所以在我们与孩子相处时，不妨引导发展孩子的共情能力，这对于孩子成长和成年后的人际交往都大有裨益。

作为父母，如果我们想让孩子在成长道路上多一些健康快乐，少一些阴霾灰暗，那么我们就必须要教给他们必要的社会技能，不强化"恃强凌弱"，不将孩子"训练"成受害者，那么在一定程度上就能减少"恃强凌弱"现象的发生。事实上，学龄前这一阶段正是我们与孩子坦率地探讨"恃强凌弱"这个话题的最佳阶段。

而如何开展这样的对话呢？家长应该坚持三问战略：第一问，当你（或身边的朋友）被欺负时，你的感受是怎样的？第二问，你认为那些小朋友为什么会欺负你（或身边的朋友）？第三问，你觉得怎样才能解决这个问题？

在用这样的问题与孩子沟通时，孩子对于这件事的深度思考就会本能地被开启，他们也就有了一种"问题——解决"的主动思考路径，那么当下一次遇到这样的问题时，孩子可能就不会因为无能为力而逃避了。

第八章　抑郁：

远离黑暗，让孩子沐浴在阳光下

关于抑郁情绪，你可能存在的教养误区

6 岁的小美正在练钢琴，曲谱是上周老师刚教的。小美试着弹了一遍，觉得很难，有一个地方总弹不顺畅，听起来感觉怪怪的。妈妈说："弹钢琴就得多练习，多练几遍就会了。"小美撅着嘴巴，两只手使劲往钢琴上一拍，叫喊着："我就是不会嘛！弹一百遍也不会！"然后哭着跑到卧室去了。

5 岁的舟舟参加了幼儿园的春季运动会，他报名参加的项目是50 米短跑，当裁判喊出"各就各位"的时候，大家都跃跃欲试，哨声一响，小选手们都向离弦的箭一样冲了出去，唯独舟舟落了后。当他看到自己落在后面的时候，干脆溜达起来，后来看别人都越跑越远，他不再前进，而是选择了退出比赛，他走出了赛道，跑到爸爸身边，说："我追不上他们了，我得不了第一名了，还跑什么跑！"

　　案例中的情况很多父母都感同身受，我们怎么也想不明白，为什么对于孩子来说，"我不会""我不能"就像口头禅一样挂在嘴上，为什么他们和自己期望中勇往直前的样子相去甚远，在养育过程中究竟哪个环节出现了问题呢？

　　心理学家维果斯基有一个理论叫最近发展区，它指的是成长过程中孩子能力的现有水平和可能达到的水平之间的差异。

　　维果斯基发现，在教育教学过程中，如果教师能够着眼于学生的最近发展区，并进行适当难度的教学和辅导，不仅能够在很大程度上调动学生学习的积极性，还可以充分发掘学生的潜能，继而在前一段学习成果的基础上进行下一阶段最近发展区的教学，循序渐进，从而不断提升学生能力。

　　同样的道理，孩子的各项能力正处于快速发展过程中，当孩子朝着可能达到的水平发展时，如果父母指导得当，孩子可以顺利过渡到下一个最近发展区；倘若指导失当，则很有可能导致孩子习惯性自我否定、抗挫折能力差等问题，而严重的则会让孩子陷入抑郁情绪当中。

　　在心理学上对抑郁情绪是这样定义的：抑郁情绪有别于抑郁症，它是正常人基于一定的客观原因而产生的消极倦怠、精神不振、欲望减退的精神状态，其深层次原因在于个人价值的缺失。

　　抑郁情绪在孩子身上最突出的表现是什么呢？那就是放弃一切

尝试，对什么都没有兴趣。

去踢球吗？不想去！

去游泳吗？不想去！

去游乐场吗？没意思！

你们班级最近发生新鲜事了吗？什么都没有！

…………

类似这样的对话场景频繁出现时，家长就可以判断孩子很可能是受到了抑郁情绪的影响。那么，孩子的抑郁情绪是怎样产生的呢？我们可以参考这个路径：

对事情的期待——期待没有得到满足的失落——失落无法排遣的无助——无助给自己内心带来的冲击——冲击产生的自我怀疑和自我抛弃——最终认定自身没有价值，努力没有价值，事情没有价值——陷入抑郁情绪。

在这个路径里，我们可以分析出这样几个关键词——期待、挫折、无助和放弃，其中挫折又显得格外突出，因为如果没有挫折，那么路径就变成了期待——满足，也就无所谓后面的无助和放弃了。

然而，成长过程中怎么会没有挫折呢？完全没有经历挫折的人是不存在的，但并不是每一个孩子遇到挫折之后都会陷入抑郁情绪中。那些抗挫能力比较差的孩子更容易受抑郁情绪的影响。

那么家长在教养过程中，有哪些错误的做法会导致孩子的抗挫能力差呢？

第一，包办一切，剥夺孩子经受挫折的体验。

成年人都明白成就感和意志力在一个人的成长道路上有着不可估量的作用，然而成就感从来不是别人白送的，而是在不断克服困难的过程中逐渐形成的，而意志力更是通过一点一点的勇气激发出来的。简单来说，对于孩子而言，爸爸妈妈的一句"你真棒""你真聪明"并不能赋予孩子真正的成就感，也无益于意志力的养成。

举例来说，年年已经 5 岁半了，这天晚上，他像往常一样，洗漱完坐在桌前等着喝牛奶。妈妈将热好的盒装牛奶打开，倒进杯子里，递到年年面前。年年喝完牛奶，杯子往桌上一放，就上床了。"年年真棒，"妈妈说，"等我刷完杯子给你讲故事！"

按照儿童动作发展水平来看，三周岁的孩子已经应该尝试锻炼将牛奶倒入杯中了。起初，他们可能会将牛奶洒到桌子上、地上或者除了杯子以外的任何地方，但经过一段时间的练习，我们就会发现他们已经可以准确无误地将盒子中的牛奶准确无误地倒入杯中。

年年已经 5 岁却还要依靠妈妈的帮助。实际上，年年的妈妈不仅剥夺了孩子发展双手配合作业的能力，还剥夺了其体验挫折的机会。久而久之，孩子只能衣来伸手饭来张口，并且在面对突发状况时，手足无措，或懊悔，或恼怒，唯独不会勇敢地直面问题、解决问题。

那么我们该怎么做？

很多妈妈都会抱怨，孩子在家的一天真是太累了，要"伺候"孩子，还要做家务，很多妈妈自己都是蓬头垢面的，因为实在没有多余的时间和心力把自己也"捯饬"一下。其实我想说，不妨让孩子学着自己照顾自己，年年可以自己将热好的牛奶倒入杯中，喝完后，主动将杯子刷洗干净，并放回原处。在这个时间段内，妈妈可以有充足的时间洗漱，之后一起上床讲睡前故事。

第二，过分强调孩子挫折感的培养。

和"父母包办"相反的另一个极端就是过分强调挫折教育，毫无疑问，这也是不可取的。在家庭教育中，父母要着眼于孩子的最近发展区，充分了解孩子的生理、心理等发展阶段的特征及发展规律，不可盲目设定不切实际的目标。有时在成年人眼中"鸡毛蒜皮"的小事，很可能会成为孩子心中"过不去的坎"，所以我们一直强调在孩子能力可及的范围内设定目标，并予以指导完成。

除此之外，不管是对成年人还是孩子来说，任何事情都不是一蹴而就的，那么当孩子在成长过程中遇到困难或遭遇暂时性的失败时，身为父母切不可急于否定孩子，尤其不能当众责备孩子，表扬别人家的孩子，这样做并不会激发孩子对抗挫折的勇气，只会让孩子备受冷落，自尊心受挫。相较于结果，父母们更应该去关注过程，

及时给予孩子应有的肯定。

学龄前儿童动作发展水平及任务表

年龄	动作发展	照顾自己	准备食物	力所能及的家务
3～4岁	躯干和四肢大肌肉群发育，基本掌握走、跑、跳、钻、攀爬、投掷等动作，精细动作较差	自己脱衣服、鞋子；洗手、脸并用毛巾擦干；自己刷牙；自己上厕所	自己吃饭；会搅拌食物；将牛奶、果汁等从盒子中倒入杯中；用水杯饮水	收拾玩具；把脏衣服放到指定位置；扫地
4～5岁	躯干四肢大肌肉群发育不断完善，大动作协调度、灵活度、稳定度有所提升；手腕手指小肌肉群有所发展，精细动作较之前有所提升	独自睡觉；选择要穿的衣服，在帮助下拉拉链、扣纽扣等，自己穿衣服；便后自己擦屁股	可以将果酱均匀涂在面包片上；洗菜、水果	帮忙布置碗筷；收拾碗筷；可以拧干毛巾；在帮助下可以收衣服，自主叠衣服；可以擦桌子、擦玻璃等
5～6岁	大动作更为稳定灵活，活动耐力有所提升，小肌肉群继续发展，能够完成较为精细的动作	可以用筷子吃饭；明确冷热，可以适当增减衣物；自主系鞋带	切香蕉等质地较软的水果（大人在旁边监督）	自己洗袜子、整理书包、文具、书桌等；自主准备外出行李

作为父母，如果想让孩子具备一定的承受挫折的能力，首先应该学会放手，让孩子拥有犯错的机会，在犯错的过程中，他们才能掌握生活技能，而伴随着各项技能的掌握，孩子自然而然地就拥有了自信心和成就感。如此一来，当他们面对小小挫折的时候，内心总会传达出"我能行"的暗号，毫无疑问，这样的心理暗示会对孩子的成长起到至关重要的作用。

"挫折教育"重要的是教育，而不是挫折

女儿："妈妈，你知道吗？你有时候会让人不开心，这是一个缺点，你能改掉吗？"

妈妈："不能，你知道为什么吗？"

女儿："不知道。"

妈妈："等你长大就知道了，妈妈这都是为你好，妈妈不想让你像温室里的花朵一样，虽然看上去很美丽，可一旦到外面经历风雨很快就完蛋！如果你现在得不到锻炼，那么等你长大后爸爸妈妈不在你身边，你遇到困难很可能会完蛋。"

女儿："可是如果我总是不开心，就会得一种不开心的病，等不到长大我就完蛋了。"

在这段对话中，我们能够清晰地看到小女孩儿的清醒和妈妈的逻辑混乱，小女孩儿对于妈妈强行施加给自己的所谓"挫折教育"竟然能一语中的，这不由得引起我们的思考，什么样的教育才是真实有效的挫折教育。

80后、90后儿时多是伴随着"棍棒教育"成长起来的，但是到了他们当家长的年纪，棍棒教育已经逐渐被淘汰，无论是学校教育还是家庭教育，现代父母和老师更提倡鼓励教育。然而在鼓励教育之外，社会频繁出现的诸如"女孩因一言不合跳楼""少年因考试失利自杀"等新闻，也让人意识到儿童教育过程中不应该缺少挫折教育这一课。

"这么大了，这么点儿小事还找妈妈帮忙，以后长大到社会上可怎么办？"这是一种颇具代表性的父母观点。很多人认为这代孩子成长得太过顺利，他们根本不知道什么是挫折，这也是为什么很多父母急于给孩子施加"人为挫折"事件，增强挫折教育的原因。于是，很多父母开始有意地给孩子增加一些困难和障碍，让孩子做一些违背自己意愿的事情，或者开始吝惜自己的表扬，哪怕孩子取得了一定的成绩，也只敷衍道"不要骄傲""不要因为取得了一点成绩就沾沾自喜，还要继续努力"……

但时间长了，很多父母会发现，教育仿佛又进入了一个恶性循环，孩子变得越发不自信，在无数次地"你怎么这么笨啊，就不会自己动动脑筋，自己想想办法"的质问下，孩子真的变得越来越"笨"，越来越不会"想办法"了，那么问题到底出在哪里呢？

这是因为，很多父母都进入了挫折教育的误区。真正的挫折教育是当孩子面对困难时，用积极的策略引导其解决问题，而很多父母自以为的"挫折教育"，不过是孩子更多的挫折罢了，更何况孩子的世界本来也并不缺少挫折。

4岁的姗姗委屈地跑到妈妈身边哭诉："妈妈，琳琳说她不想和我玩儿。"妈妈给姗姗擦掉眼泪，耐心地说："你再去和琳琳姐姐说一下，让她带你一起玩儿。"姗姗摇摇头，依然黏在妈妈身边。妈妈凭着对姗姗的了解很快意识到，这时候无论她怎么推姗姗，遭到过一次拒绝的女儿也是迈不出这一步的。

于是，妈妈对姗姗说："妈妈陪你一起再去问一下好不好？"姗姗点头，母女俩拉着手来到琳琳身边，妈妈说："你自己和琳琳姐姐说吧！"姗姗依然怯生生的，但还是鼓起勇气说："琳琳姐姐，能带我一起玩儿吗？"这次琳琳答应了。妈妈顺势说道："你看，再试一次琳琳姐姐就答应了吧！"

试想一下，如果这位妈妈在面对女儿的求助时给予的反馈是"这么点小事还要找妈妈帮忙，长大了也要妈妈帮忙出头解决问题吗？自己想办法解决"，那就无异于雪上加霜。很多家长口中喊着挫折教育的口号，但在养育孩子的过程中，不仅否定了孩子的能力，还为孩子"制造"了又一挫折，在处理问题时，从未引导孩子如何解决眼前的问题。

心理学家马斯洛说："对于孩子来讲，挫折未必是件坏事，关键在于他对待挫折的态度。"只要注意观察，我们就能看到，即便是生活在一个环境里的几个孩子，他们面对挫折时的表现也会各不相同，有的孩子会表现为退缩、不再尝试，有的则表现为不知所措、寻求帮助，还有的表现为自主探索、积极寻找解决办法。鉴于年龄与能力发展的局限，最后一种情况下的孩子，若遇到的挫折超过了孩子的能力范围，那么他们也会转向求助成年人。

而在故事中，姗姗的行为与第二种表现更为接近，这时候父母的教育方式将直接影响孩子在挫折面前是前进还是退缩。而姗姗妈妈试图让女儿"再试一次"，则是告诉了孩子一种新的面对挫折的方式。

宝贝，一次失败不算什么！我们一起来总结经验好不好！

然而，现在大多数父母都将重心落在了"挫折"上，而非"教育"。长远来看，这样的"挫折教育"只会令孩子陷入习得性无助的深渊，长此以往就会让孩子认为自己这也不行，那也不行，对自身能力产生怀疑，最终彻底放弃努力。

事实上，真正的挫折教育是在孩子面对挫折时予以爱和鼓励，引导他们以积极的态度来面对成长路上的困难和挫折。只有这样，孩子们才可以在挫折中收获知识、收获技能、收获勇气、收获自我肯定的喜悦，才能在成长的路上不畏风雨。

家长朋友应该理解，生活中的挫折是普遍存在的，根本无须人为制造，于孩子如此，于成年人更是如此。当然，作为父母，我们面临的挫折可能不仅仅是"借玩具被拒绝""打鸡蛋没有打到碗里"这么简单。我们可能要面临工作开展得不顺利，领导的刁难，熊孩子的顽皮等方方面面的问题。

所以很多时候，父母们可能要体验更多的挫败感。心理学研究表明，挫败感较重的父母更容易对孩子进行不恰当的挫折教育，并通过这样的方式使得自身的挫败感得到释放。长此以往，不仅孩子无法养成面对挫折时的乐观情绪，还容易造成亲子关系紧张，甚至破裂。

鉴于此，作为父母，我们更应该对自身进行挫折教育，以积极乐观的心态面对生活、工作中的挫折，给孩子起到表率作用。

引导孩子在挫折中激发自身潜能

一次小小的挫折经历在引导得当的前提下能够带给孩子难以想象的收获，它可以激发孩子的勇气，培养孩子坚持不懈的毅力，让孩子最终获得成功的喜悦，当然还可能让孩子获得新的社会技能等，所有这些收获都由孩子自主从战胜挫折的经验中获得，所有这些内心层面的积极感受和技能上的日趋完善都将在日积月累的时间中汇聚成精神上的强大自信，这才是挫折教育的真谛。

然而，无论是勇气的激发、毅力的养成，还是自信心的培养，它们都不是一朝一夕的事情，更不是家长说一句"你要自信一点"孩子就能真的自信起来。在每一次挫折和失败面前，孩子的自信都源自切实的能力的获得，也只有当他们真切地体会到为解决某一问题或获得某种技能而努力，并最终有所收获时，自信和毅力才会被真正激发出来，父母心中所谓的挫折耐受力也才能被真正培养起来。

所以归根结底，还是要依托并珍视孩子成长过程中的每一个"小小"挫折，充分利用这些机遇发掘出孩子自身潜在的能力。

我女儿今年5岁了，最近她特别喜欢在我做饭的时候跑到厨房"帮忙"，我也想尽可能地培养孩子精细动作的发展，所以很多时候，我都会答应让她帮我做一些简单的事情，比如摘菜叶、洗土豆等。

有一次，她饶有兴致地看我打鸡蛋，看见蛋清和蛋黄从蛋壳中脱出，很有弹性地落在碗中，她跃跃欲试地说："妈妈，我也想帮你打鸡蛋。"我欣然答应了，这是她第一次尝试打鸡蛋，我拿起一个鸡蛋给她做了简单的示范之后，她也拿起一个鸡蛋，在灶台上一磕，显然用力过猛了，鸡蛋从蛋壳的大裂口"吧唧"一声掉到了地上。她有些慌，眼神中有委屈，有歉意，还有大颗的"金豆子"。

我赶忙说："这个鸡蛋要是被鸡妈妈孵成小鸡的话一定是个淘气的家伙。"女儿破涕为笑，还跟我说着"对不起"。我知道如果这时候我不再让她尝试，那么她一定会认为自己不会打鸡蛋，并且以后也不愿再尝试了。所以我们一起把地收拾干净之后，我鼓励她再试一次，并告诉她磕的时候用力不要太大，可以慢慢试着来。

再次尝试的结果是她成功地将鸡蛋打到了碗里，但是因开蛋壳时的用力方向问题，使得打出来的蛋清和蛋黄都混在一起了。她告诉我："妈妈，我想打一个你那样的（完整的）。"我比划着告诉

她："那你掰开蛋壳的时候两只小手向外用力试试。"之后她成功地将完整的鸡蛋打出来了，还笑盈盈地跟我说终于挑到了一只听话的小鸡。

就像我之前说到的，对于学龄前后的孩子来讲，或许家长根本无须人为地给他们设定挫折或障碍，因为对于这个阶段的孩子来讲，他们的成长本身就会伴随着很多他们自主设定的"挫折事件"。他们看到新鲜事物就想要尝试，他们觉得自己已经不是小宝宝了，这样的想法让他们错误地认为自己什么都做得了，但受认知和身体条件发展的局限，事实证明，很多事情对他们来说还有些为时尚早，继而很多出于偶然却又在情理之中的"困境"也就出现了。

当面对这些"小小"挫折的时候，家长首先应该怀有同理心，因为在我们看来很简单的事情，对孩子来说却并非如此；其次不要急于否定孩子，"你还太小，肯定做不好"这样的话除了会打击孩子的主动性，还会剥夺他习得技能的机会，更会使其在挫折面前选择退缩。

当孩子主动提出想要完成一件事并遇到困难时，千万不要急于否定孩子的能力，家长应该耐心引导孩子将"计划"完成。比如，当一个4岁的孩子想要帮妈妈拿酱油瓶时，不要说"你太小了，拿不住会摔碎的"，而应该告诉他"拿瓶身较细的瓶颈会容易一些"。这是一个从不能到能的过程，也正是这个过程赋予了孩子自信，让他们品尝到了付出努力之后的硕果有多么甘甜，这是哪怕成千上万

句说教都无法企及的。

　　除此之外，家长也应该告诉孩子，挫折并不是失败，每件事第一次做起来都会有一些困难，困难也并不可怕，那正是我们学习和成长的机会。如此一来，父母的积极思维也会在无形中"传染"给孩子，在经历了成长路上的坑坑洼洼之后，等他们具备了实际解决问题的能力之后，他们一定能成为自信积极的人。

如何培养孩子乐观的思维习惯

大文豪泰戈尔曾说"世界以痛吻我，我要报之以歌"。有人说，悲观的人满眼尽是人间的阴霾，他们甚至找不到一张适合自己的椅子；而乐观的人即使身处滂沱大雨中，内心却依然能够拥有万丈光芒。

在心理学领域，抑郁症是最难解决的问题之一，因为在错综复杂的成人社会中，可能诱发人抑郁情绪的心理问题实在是太多了。不过，在相对简单的儿童世界里，他们的抑郁情绪不会像成年人那么复杂，有一个家长可以"一站式"解决抑郁问题的方法，那就是培养孩子乐观的思维习惯。

唉，只剩半杯了！

真好，还有半杯！

拥有乐观心态的人，当他面对困境时依然能够保持积极向上的心态。而从心理学角度讲，心态更应该被解读为一种思维习惯，也就是"怎么想"。遇到一件事，甲从正面想，然后进行逻辑推理，最终得出了积极的结论；乙从反面想，然后进行归纳总结，最终推导出了负面结论。最终双方的情绪或心理状态肯定是不一样的，这就是思维习惯对人的不同作用。那么，家长如何来培养孩子乐观的思维习惯呢？

我们知道，乐观的品质需要在挫折环境下慢慢去培养。对于孩子而言，他们很可能面临来自以下几个层面的挫折感。

强烈的求知欲和阶段性能力不足带来的挫折

教育研究者发现，处于学龄前的儿童对他们生活的世界越来越表现出强烈的好奇心，同时，这个阶段也是他们语言的飞速发展期，凡事都喜欢问"为什么""怎么回事"，凡事都想一探究竟。但这个阶段的儿童知识储备尚且不足，生活技能和社会经验都尚不完备，所以在他们探索前行的过程中很容易受挫。

举例来说，琪琪 3 岁时看到姐姐在跳绳，她觉得很有意思，但是这根长长的绳子在她手中却怎么也不听使唤，琪琪懊恼地将绳子丢在一边，内心十分沮丧。

社会交往能力发展带来的挫折

学龄前的孩子社会交往能力刚刚开始发展，有心的家长们可能已经注意到，孩子已经拥有了自己的朋友，他们因为某种共同的爱好、共同的性情等形成一种较为固定的特殊关系，我们称之为友谊。但这个阶段友谊也很容易出现一些问题。

拥有多年幼儿教育经验的工作人员发现，当一个孩子因为不具备某种技能而遭到拒绝时，或者与较为强势的同伴争执而处于下风时，他们内心会感受到挫折带来的沮丧。除此之外，研究者们还发现，这个阶段的友谊具有排他性，简单来说，班级中的"铁三角"很可能会"缺了一角"，而当某个孩子被排除在外时，他内心的挫折感会较为显著。研究表明，女孩子们之间更擅长利用相互之间的关系和排斥手段作为攻击方式，而男孩子们通常则会选择较为"暴力"的攻击方式，比如打架、争吵等。

不管怎么说，这时的孩子已经开始建立友谊，当他们渴望的那份归属感没有着落，甚至感到被排斥时，就会灰心或者沮丧。

老师、父母无形中给予的挫折

在日常生活中，老师和父母有时候也会在不经意间让孩子体验挫折。比如，不经意的忽视、不公正的待遇、不经意的否定、莫名其妙不耐烦等都会让孩子的自尊心受到伤害。不管是老师还是父母，他们在孩子内心深处都是某种具有"权威"的人，是他们很看重的人，他们会很在意老师和父母对自己的看法和评价，所以于他们而言，每一次被忽视和被否定都可能将是难以跨越的困难。

但也正如我们所说，每一次挫折都是孩子发展的机遇，那么面对挫折或逆境，如何来培养孩子积极乐观的思维呢？

首先，培养孩子基本的社会技能，使其与成功事件进行绑定。

作为家长，我们无法替孩子成长，也无法替他们努力，更没有办法保证孩子一生平顺，没有挫折，但我们可以给予他们信任和尊重，在这个充满竞争的社会中，我们应该相信他们能够学会适应社会的各种技能。

事实上，我们可以从最基本的生活技能开始，放手让孩子去做一些力所能及的事，或者让孩子帮忙做一些家务，比如你可以这样说："妈妈实在太忙了，你能帮我把水果洗了吗？"细心的家长发现这里用的并不是命令的语气，因为"你能帮我吗"会让孩子在心理上感觉自己是被需要的，而且是有能力的。当孩子通过自己的努力获得成就感之后，自信乐观的心态也在慢慢累积。

其次，给孩子提供中等挑战难度的任务或游戏。

在培养孩子技能的过程中，家长切不可拔苗助长，我们应该尽可能地给孩子提供一些具有适度挑战的任务。我身边总有一些妈妈会抱怨孩子不愿意去尝试，除不感兴趣之外，我认为孩子不愿尝试的原因大致有两种，一种是过于简单，对孩子来说丝毫没有挑战性，

不想再试；另一种是过于困难，让孩子望而却步，不敢尝试。

所以需要家长根据孩子的发展水平选择难易适度的任务和游戏，让孩子尝试挑战。事实上，即使是难易适度的任务我们也无法保证孩子能够顺利完成，这时就需要爸爸妈妈们抓住教育时机，当孩子出现畏难情绪时，作为家长，我们可以选择以一种幽默的方式来化解，或者选择孩子可以理解的方式和他沟通，让孩子摆脱负面情绪的困扰，增进理性思维的建设。

最后，多给孩子一些支持和理解，但不代表可以迁就和怜悯。

每个孩子都是独立的个体，他们有着不同的性格特质。研究表明，每个孩子在面对周围世界时，都有着独一无二的处理感官信息的方式，加之他们面临的困境和挫折也将是多种多样的，在这里我们不可能一一列举，但是，当孩子表现出沮丧想要放弃的时候，我们不妨多给予他们一些理解。举例来说，当孩子觉得某段琴谱较为困难，多次尝试练习后仍不能成曲，并且情绪已经处于崩溃边缘时，不妨这样说："这段弹起来不容易，看得出来你已经很努力了，都练了好几遍了，不然再弹一遍，我们一起看看问题究竟出在哪里？"

所谓多一些支持和理解，我们强调的是，当孩子处于困境时，适当予以引导，帮助其坚持下去，并体验通过努力克服困难的这一过程。举个简单的例子，当孩子处于学步阶段时，跌倒后会大哭，我们一般会说一些鼓励的话语让孩子自己爬起来继续走完剩下的路，而不是直接上前将其扶起来。同样的道理，处于困境中的 3 ~ 6 岁的孩子，同样需要经历克服困难的过程，因为在这个过程中，孩

子所体会到的自我效能感将是前所未有的。

除此之外，身为父母，在任何时候都要注重"身教"的作用，尽量不要将工作、生活上的一些负面情绪发泄到孩子身上，这样做会直接打击孩子的自信和乐观。面对大人的无名火，他们不知道自己错在哪里，继而全盘否定自己。

所以在家庭教养过程中，如果父母在面对一些挫折和难题时，能够以乐观积极的态度去面对，对孩子来讲，无形中会给予一种积极的影响，对培养孩子乐观的思维方式也是极为重要的。

第九章

一些严重又不那么常见的情绪问题

焦虑，原因在于孩子的自我确定感不足

儿子在校园外做好事获得了表扬，学校在得知这件事之后，想让孩子升旗仪式后在全校师生面前接受奖状并发表演讲，这本是一件好事，但当你把消息告诉儿子后，你发现孩子顿时显得坐立不安，一会儿整理整理书桌，一会儿去趟厕所，嘴里面还念念有词……

女儿在学校一向表现良好，很受同学和老师的喜欢，但最近不知道怎么了，你发现女儿经常有惶惶不安的表现，晚上坐在书桌前，一会儿翻开语文书，一会儿翻开数学书，一会儿又打开 ipad，这种奇怪的表现从来没有过……

相信很多家长都会被孩子这种奇怪的表现搞得莫名其妙，其实，

有这样表现的孩子，说明他们正处于焦虑状态。

在成年人的世界里，焦虑是一种非常常见的情绪，可以说世界上从来没有过未曾焦虑的人，而焦虑在我们身上的表现通常为惶惶不安、六神无主，习惯性地做一些小动作，总尝试做一些无意义的事情等。

孩子的焦虑和成年人差不多，只不过其表现要比成年人更强，而出现的概率则没有成年人那么大。这是因为孩子对于情绪的控制能力弱，而内心诱发焦虑的因素则相对较少。

焦虑情绪与人的潜在性危机有关。人的大脑中有一种对抗潜在性危机的积极行为，也就是当人的某些需求没有得到满足时，大脑就会启动一种自我保护机制，然后让我们表现出焦虑不安，意思就是告诉我们："你是不是忘记什么重要的事情没有解决？赶快去解决掉！"

孩子的世界相对简单，潜在性危机相对较少，所以焦虑的概率比成年人要稍微低一些。那么，为什么会产生焦虑情绪呢？

从深层次讲，焦虑源于自己对自我存在的不确定性。在婴儿时期，孩子与母亲是一体的，他受母亲的身体免疫和心理免疫双重影响，表现就是只要母亲不生病，婴儿就不会生病，母亲有怎样的情绪，婴儿就有怎样的感受。然而在 6 个月之后，婴儿开始有了自我感觉。此时，他虽然有了自我意识，却又有很强的不确定感，因为世界太大而婴儿又太小，他对一切都感到无能为力，这种对自我的不稳定感就是焦虑的萌芽。每当他不确定感萌发的时候，他就会通

过哭闹来表达，此时母亲就会过来关照他，焦虑感便在母亲的关心下得到了缓解。然而，这种不确定感在每个人成长过程中得到的缓解是不同的，也没有任何一个人能够让它完全消失，反而向内转化成了不安全感，这种不安全感外化出来就是焦虑。用一句通俗的话来表达，就是当人感觉到不安时，内心就会产生焦虑情绪。

那么再回到一开始的案例中去，男孩儿获得了被表扬的机会，这本来是一件好事情，但他内心却有一种"在众人面前讲话，万一讲不好就会被大家笑话"的隐忧，而正是这个隐忧导致了他内心的不安，进而产生了焦虑情绪。

女孩的生活一直很快乐，但最近在看了一部悲剧电影之后，女孩儿突然感觉生活不会永远那么美好，未来自己的生活会不会发生变故呢？女孩儿无法获得能够让她解脱的回答，心中就有了一种杞人忧天的情结，于是焦虑就这样产生了。

对于一般孩子来说，焦虑不需要特别关注，因为随着这种隐忧的消散，如女孩儿把这部电影忘记，如男孩儿真的上台演讲了，发现上台讲话也没自己想象中那么难，焦虑就会自然而然地消失了。

然而，特殊情况总是不免存在的，还有一些孩子内心的焦虑会很顽固地存在下去，一直无法散去，弥漫式的焦虑深深地影响着他们的生活。此时，孩子已经忘记了一开始焦虑的原因，已经不知道自己因为什么而焦虑，但就是精力很难集中，感到身心疲惫，整天不知道自己该做些什么，焦虑从一个点、一个时间段弥漫到整个生活当中。

之后，焦虑开始在行为上有所变化，孩子从坐立不安、毛手毛脚、做小动作，变成了习惯性地重复一个动作。为什么会这样呢？因为这种弥漫性的焦虑会让人很难受，处在难受中的人很难进行有意义的思维活动，而那些不需要思考的、机械性的活动却可能让人暂时停止焦虑，内心获得短暂的舒适，于是他们从一焦虑便去做这些活动，转变成了不做这些活动便会焦虑，进而强迫自己做这些活动。

那么，怎么解决这个问题呢？其实也并不太难。这种弥漫式焦虑产生的主要原因是目标缺失，它是在提醒人需要为自己寻找一个有价值的目标，这个目标可以是各种各样的。比如可以给他买一只小狗，目标为把这只小狗养到10斤重，每天照顾小狗的吃喝拉撒，还要教小狗一些与人互动的动作。如果你就这件事与孩子达成共识，那么孩子就会把养小狗看作一个目标，然后去完成这件事。因为养小狗是非常容易且能够让孩子看到小狗的变化的，所以这个目标就可以形成一个反馈信号，这样一段时间下来你就会发现，孩子的焦虑情况减弱了。

总而言之，孩子的焦虑情绪一旦有持续的表现，就应该得到家长的重视。要知道，处在焦虑中的孩子一定是疲惫不堪的。为了让孩子轻松学习、快乐成长，家长应该对焦虑情绪做到心中有数，并能科学帮助孩子疏解焦虑情绪，努力让孩子有一个不焦虑的童年。

抱怨，是一种求安慰、求抱抱的情绪

"妈妈，我们老师实在太偏心了，黑板报明明是我们小组做得多，她却偏偏表扬王辉辉他们小组，我们组员都很不高兴……"

"妈妈，幼儿园的饭真的很不好吃，但这么难吃的饭，刘耘每次都要吃两碗，有时候还抢别的小朋友的饭……"

"妈妈，昨天那么热，老师还要我们出去玩，把大家都热得够呛，明天说不定还要出去，万一天还是很热，那可怎么办呀……"

每当听到孩子这种稚声嫩气的抱怨，家长都会有一种孩子已经慢慢长大的感触，我们的"小大人"居然学会发牢骚了。但不知道家长是否注意过这样一个现象，那就是孩子往往只向家长和喜爱的

老师同学抱怨。换句话说，抱怨只存在于亲密关系中，这又是什么
原因呢？

幼儿园的饭
真难吃……

一般来说，我们总习惯性地将抱怨视作一种行为而非情绪，但
如果我们剖析抱怨的产生过程就会发现，抱怨一般由一些并不严重
的、令人不快的、无力解决的事情引发，在人内心产生一种不吐不
快的感觉。如果不找谁倾诉一下，我们就会非常难受，到了这里，
抱怨情绪实际就已经产生了。而当我们真的用言语倾诉出来之后，
抱怨情绪就外化成了行为。也就是说，生活中我们的抱怨情绪是非
常多的，而情绪转化成行为的可能只有很少一部分。

抱怨情绪还有另外一个有趣的现象，那就是当转化成行为之后，
抱怨情绪就得到了很好的疏散。当我们想要抱怨时，只要把抱怨的

话说出口，我们就会感到非常舒服，而如果抱怨得到了对方的回应，这种舒服的程度就会更强，由此我们内心因抱怨情绪产生的压抑、怨怼、愤怒等附带情绪就都烟消云散了。

然而，怎样的抱怨才能得到对方的回应呢？当对方能够对我们感同身受时，回应就会很积极。而在所有的回应中，我们希望对方能够在言语和行动上对我们进行支持。那么什么人最可能为我们提供支持和帮助呢？毫无疑问是身边比较亲密的人。由此我们也就知道为什么抱怨往往只存在于亲密关系当中了，因为在我们的潜意识里，向和自己有亲密关系的人进行抱怨是有效果的。

现在，再让我们来看一下抱怨情绪的本质是什么。心理学认为，抱怨情绪是在对问题或困境感到无能为力时，期待他人能够帮我们解决问题，渴求他人至少提供情感援助的一种潜在意识。

老师表扬谁不表扬谁，学校的饭做得难不难吃，天气热不热，这些问题孩子没有办法解决，由此他陷入了困境，于是他向妈妈抱怨，渴望妈妈能够为他提供帮助。然而，妈妈能够提供帮助吗？当然不能，那是否意味着孩子的抱怨行为就落空了呢？也不是，就像我们说的那样，抱怨只要转化成行为，抱怨情绪就会得到疏解，原因是情感援助。

当孩子向妈妈抱怨时，妈妈虽然也解决不了问题，但可以对孩子进行感同身受的安慰，宽慰孩子、安抚孩子，而只要情感得到了共鸣，孩子一样也会很舒服。关于这一点，我们成年人最有体会。

当我们与另一半发生情感冲突时会感到无比难受，特别想找一个人倾诉，但我们自己也知道倾诉并不能真正解决问题，可还是乐

于找人倾诉，而一旦把内心的苦闷倾诉出去，我们就会觉得非常舒服。我们之所以会感到舒服，从根本上讲是因为自己的情感得到了他人的共鸣。

所以说，抱怨情绪的出现并不完全是因为问题得不到解决，很多时候是因为问题的出现导致内心价值感的挫败。此时，解决问题是释放抱怨情绪的方法，但不是唯一的方法，通过亲密行为、心理感知让人重新建立起自我价值感也是一个释放抱怨情绪的途径。

于是我们知道了，孩子的抱怨其实是一种寻求解决问题的方法或心理安慰的行为，是由抱怨情绪触发的外在表现。那么，面对孩子的抱怨我们应该怎样去做呢？

第一，认真倾听孩子的抱怨。因为抱怨行为是由情绪触发的，所以会表现为无逻辑、语无伦次、唠叨，这个时候家长不需要分析孩子所说的话是否正确，孩子是否会把一句话翻来覆去地说，只需要专注倾听即可。

第二，对孩子的情绪表示认同。抱怨情绪会有很多伴生情绪，如焦虑、妒忌、愤怒等，对于这些情绪，家长不需要特别关注，只需要表示认同就可以了。孩子回到家抱怨她前座的小女孩儿总是讨好老师，抱怨中就开始妒忌起那个小女孩漂亮的头绳来。对于这种幼稚的妒忌情绪，家长一定要表示认同，而不能给孩子讲道理。家长要明确一点，在抱怨情绪中，道理是没有任何价值的。

一个男孩儿对爸爸抱怨："我们球队的队员踢得太差了，小明

根本就不会带球，还总是瞎带，结果球就丢了，王昊也不会踢中场，要不是没有人，我真不想和他们踢……"

爸爸听到孩子的抱怨说："球队是一个整体，有球员踢得不好，大家应该一起帮助他才对，不要总是排斥那些踢得不好的朋友，你刚开始学踢球的时候不也有很多问题吗？"

孩子一听爸爸这话，顿时就不高兴了："我以后不踢球了……"

这个小故事里，爸爸就犯了讲道理的毛病，孩子只是用抱怨的行为表达自己的情绪，并不是真的要爸爸帮助自己解决问题，他需要的是爸爸理解自己，谁知道爸爸完全不懂心理学，错误地"领会"了孩子的抱怨，结果反而影响了孩子对足球的兴趣。

第三，对于是否协助孩子解决问题要视情况而定。孩子抱怨的问题有时比较严重，但有时则无伤大雅，对于这些问题，家长不要一概而论。就以上文的几个例子来说，老师忘记表扬同学、学校做的饭不好吃、天气热、队员的球技差，这些都不算什么问题，家长如果过于重视，什么事情都插一脚，反而会影响孩子的正常成长。但是，如果家长在孩子的抱怨中发现有严重问题的端倪，那就不能不提高警惕了。

例如，男孩子回来抱怨说老师非要看着他上厕所，女孩子回家抱怨说某某男老师对某某女同学特别特别好，经常单独辅导她功课，在这些抱怨中我们可以解读出一些危险信息，对此，家长就要重视起来了。

总而言之，对于孩子的抱怨，我们可以将它虚拟成一个"要抱抱"的渴求，就像一个小孩子在等待着、期盼着来自爸爸妈妈的反馈，需要得到心灵抚慰。

　　最后，希望读者能够明白，抱怨作为一种情绪它所传递给人的信号是孩子需要我们的特别关心和抚慰，所以当孩子出现抱怨情绪时，我们最好停止说教，好好听孩子说完，而如果长期忽视这一点，你就会发现你的孩子变得越来越难沟通了。你会觉得孩子越来越不听话，什么事情都顶嘴，你说一句他说三句，如果真的出现这种状况，那么责任不在孩子而在你，谁让孩子抱怨的时候你不好好听着呢！

生命教育，孩子向大人又迈了一步

一位妈妈在网络上分享了这样一个故事：

不久前，女儿所在的幼儿园就清明节的由来进行了教育教学活动，目的是让孩子们了解清明节这一中国传统节日。女儿放学回来之后就一直揪着我问："妈妈，你会变老吗？"我也没多想，就说："当然会啊。"女儿追问："那你也会死吗？我不要你变老，我不想让你死。"话音还没落，泪珠就啪啪地落了下来。我赶快安慰道："妈妈能活一百岁呢！会一直陪着你，看你长大。"

饭后我才有了时间，拿出手机翻看着女儿班级群的聊天记录，我看到老师说，在课上讲清明节由来的传说时，班级中有两个女孩哭了，其中有一个就是女儿，老师感慨孩子很善良，对死亡的话题

也很敏感，并建议家长们带孩子看一看《寻梦环游记》这部电影。

后来趁着清明假期，我和女儿一起看了这部电影。起初，她对亡灵世界的人有点害怕，但随着故事情节的推进，她开始问我问题："妈妈，这些都是死去的人吗？我们死了也会到这里吗？"我告诉她："对啊，人死之后就会到亡灵的世界，但是你看，只要有爱，一家人就会永远在一起。"我不知道她看懂多少，也不知道我说的她能明白多少，但这是孩子在认识死亡上迈出的第一步。

对于中国父母而言，除了性之外，死亡是第二个我们不愿和孩子提及的话题，因为这个话题本身是非常沉重的，按照中国父母的传统思维来讲，我们认为让孩子"免于承受"就是对孩子最好的保护，所以很多时候，对于死亡，我们不仅难以启齿，当面对亲人逝去的时候，我们还会在孩子面前收敛自己的情绪，不让伤痛的眼泪落下来。比如，当家中有老人过世时，面对孩子的追问，我们通常会选择善意的欺骗："奶奶去很远的地方旅游去了，以后不会回来了。"

但当我们选择善意欺骗的时候，当我们自以为这是为孩子好的时候，我们都忽略了一点，作为独立的个体，孩子是不断成长的，这成长当然也包括他们对死亡的理解。试想一下，如果孩子由奶奶一手带大，和奶奶有着深厚的感情，那么我们善意欺骗的回答会带给孩子怎样的感受？当他不理解死亡的时候，他会因奶奶"抛弃"他而感到失落、难过；当他以自己的方式了解死亡的时候，死亡这个词带给他的就只剩下分离的悲伤了，然而这种承受对孩子来讲才是最残忍的。

当想到死亡的时候，作为大人，我们都会表现出或多或少的恐惧，更何况是孩子？

心理学表明，一个4岁左右的孩子就可以对存在和消失产生一定的理解。而有些前沿心理学家也认为，一个人越早意识到死亡，证明他的智力发展就越高。不知道你是否有过这样的童年经历，在某个深夜忽然睡不着了，脑子里想的都是一件事，如果有一天我死了，地球还会继续运转下去，永远不停歇，那么我怎么办呢？到时候我会在哪里呢？我什么都不知道了，可是地球还会一直存在……想到这些，不由得让人觉得压抑。其实，这个经历说明我们的智力正在发育，我们内心已经对死亡有所思考了。

不过，孩子毕竟是孩子，因为无法从知识上得到太多的支持，这个阶段孩子表现出的对死亡的恐惧和悲伤情绪，往往源于内心奇特的想法，并带有以自我为中心的特点。

莉莉的妈妈在她3岁生日的时候带回一只宠物狗，想让狗狗陪伴莉莉一起长大，狗狗还很小，毛茸茸的，也很可爱，莉莉十分喜欢，自己喜欢的食物都要分给狗狗吃，包括巧克力饼干。好多次妈妈发现后都告诫莉莉："不要给狗狗吃巧克力哦，它会死掉的。"莉莉还经常"抱"着狗狗走来走去，对于3岁的莉莉来讲，所谓的抱就是两只手卡着狗狗的脖子，狗狗整个吊在那里，妈妈看到了总告诉她："你这样抱它，它就不能呼吸了，它会被勒死的。"狗狗

很是乖巧，莉莉也不以为然。后来，狗狗不慎感染了细菌，又拉又吐，到宠物医院打了点滴也无济于事，最终狗狗还是离开了莉莉。

莉莉很伤心，痛哭起来，她很自责地认为狗狗的死亡是自己造成的，狗狗的死亡让她感到非常孤独，由此她想到了自己的亲人，她总会哭着问："妈妈，你会死吗？死后是不是会去很黑的地方？我不想让你死。"

小狗死掉了，我不想让它死……

由此可见，当孩子身边有人或者动物死去时，他们必然会有自己的感受，这种感受同时伴随着各种天马行空的想法，这些都会直接导致孩子对死亡的恐惧。所以作为家长，我们有必要就死亡话题和孩子进行交流和探讨，当然前提是要符合孩子所处年龄段的认知特点，我们要教会他们表达自己的感受，引导他们对死亡有一个正确的认识，从而削弱其对死亡的恐惧。

不同年龄段儿童死亡认知发展阶段及特点

	年龄段	特点
分离的阶段	0～3岁	这个阶段的幼儿尚且不知道死亡是什么，对他们来说，死亡意味分离，再也见不到了，伴有强烈的分离焦虑
结构性阶段	3～6岁	对于学龄前儿童来讲，他们理解的死亡是不会动，一般会将死亡与睡着、年老或者旅行联系在一起，尚意识不到死和生是对立的。该阶段也是孩子思考死亡的第一个阶段，这个阶段的思考将充满幻想，并相信自己的思想或行为能够导致他人死亡
功能性阶段	6～12岁	开始较为客观和全面地认识死亡，已经意识到死亡是永久且不可逆转的，死亡的发生可能是因为生病、意外等原因造成的
抽象思考阶段	12岁以上	逐渐拥有成熟的死亡观

对于学龄前儿童来讲，他们正处于人生中思考死亡的第一个阶段，因此，很多父母发现他们经常会问一些"傻"话，诸如"我会死吗""妈妈，你会死吗"等。当孩子提出这样的疑问时，可能是因为他身边有亲近的人去世了，也可能是因为看到大自然中小动物的死亡，无论什么原因，我们都应该正视孩子对死亡的探究，因为"死亡教育"就是最好的生命教育。

对于学龄前儿童来讲，我们在向孩子解释死亡时，不必谈得过深，我们可以以孩子能够理解的方式向他解释生死的规律，可以以动植物为例子，比如秋天池塘中的荷花枯萎了，来年它们还会长出新的嫩芽，开出美丽的花朵，这就是生命的循环，让孩子感受死亡的哀伤时，也能感受新生的快乐。倘若孩子追问："那我们死后还会活过来吗？"我们则要郑重其事地告诉他们："生命对于我们人类来讲是非常宝贵的，它只有一次，所以我们要好好珍惜它。"

这里有一种非常值得思考的观点，即逝去的人永远活在我们心中，我们体内流淌着他们的血液，我们传承着他们的精神，是他们生命的延续。

在日常生活中，我们也应该有意识地引导孩子观察和了解动植物的生息繁衍，感受大自然中生命循环的过程。当父母能够以正确的态度面对死亡时，它就变成了一个不再被禁忌的话题，态度的改变能够帮助我们引导孩子正确认识死亡，认识生命的意义。此外，家长还需要对死亡教育坚持"三不要"：

第一，不要避而不谈。

当孩子追问有关死亡的问题时，父母的避而不谈反而会激发孩子的好奇心，但由于缺乏正确引导，他们常常会从别的渠道获得关于死亡的信息，比如人死后会变成鬼，而鬼是很可怕的等，从而导致孩子内心的恐惧。修筑堤坝阻挡水流或许能够治水一时，当水流呈决堤之势时将难以挽回，所以对于我们"难以启齿"的死亡教育就好比治水，疏通才是上策。

第二，不要对孩子说死了就是睡着了。

这样会让孩子对睡觉产生恐惧，他们甚至会担心自己睡着睡着就死了。

第三，不要刻意美化死亡。

很多父母会有意引导孩子消除对死亡的恐惧，会将亡灵的世界描绘得过于美好，这样做将有碍于孩子对死亡形成一个较为客观的认识，忽视死亡的残酷。调查发现，很多有过轻生念头的孩子会认为死后就能摆脱痛苦。

死亡的恐惧情绪是一种极其特殊又不能不提及的情绪，所以我们在本书最后将它作为一个单独的内容，希望通过对这个问题的探讨说明一个道理，即孩子的情绪发展是重要的，是关乎孩子的健康成长的，对孩子情绪问题的疏导是有明确的心理学研究和方法支持的。希望家长朋友能够科学运用心理学知识帮助孩子及时有效地疏通情绪，努力给孩子创造一个快乐、健康的童年。